Astrid Braun-Höller / Katharina Pohl

Erfolgsrezept Mensch

Astrid Braun-Höller
Katharina Pohl

# Erfolgsrezept Mensch

## Talente entdecken, verstehen und nutzen

GABAL

Externe Links wurden bis zum Zeitpunkt der Drucklegung des Buches geprüft.
Auf etwaige Änderungen zu einem späteren Zeitpunkt hat der Verlag keinen Einfluss.
Eine Haftung des Verlags ist daher ausgeschlossen.

Bibliografische Information der Deutschen Nationalbibliothek
Die Deutsche Nationalbibliothek verzeichnet diese Publikation in der Deutschen Nationalbibliografie; detaillierte bibliografische Daten sind im Internet über http://dnb.d-nb.de abrufbar.

ISBN 978-3-86936-873-3

Lektorat: Anja Hilgarth, Herzogenaurach
Umschlaggestaltung: Martin Zech Design, Bremen | www.martinzech.de
Layoutkonzept: Romana Schuld
Illustrationen: Katharina Pohl
Autorenfotos: Arne Flander
Satz und Layout: Das Herstellungsbüro, Hamburg | www.buch-herstellungsbuero.de
Druck und Bindung: Salzland Druck, Staßfurt



Printed in Germany

www.gabal-verlag.de
www.facebook.com/Gabalbuecher
www.twitter.com/gabalbuecher

Menschen sind
wie Rezepte.
Man muss sie nur
zu lesen verstehen,
jede Geschmacksnote
richtig einsetzen und
zu schätzen wissen.

# INHALT

# Butter bei die Fische

**Haben Sie schon einmal einen Fisch mit einem Eierpikser in der Pfanne gewendet?**

Wenn ja, würde uns das sehr wundern, denn es macht natürlich keinen Sinn.

Umso erstaunlicher ist es, dass genau das in Unternehmen häufig passiert. Da werden Menschen mit Aufgaben betraut, die weder ihren Fähigkeiten noch ihren Leidenschaften entsprechen: Überzeugte Vegetarier erhalten rosa gebratene Ente oder eingefleischte Fast-Food-Junkies Kabeljau auf Limettenschaum. Leidenschaftliche Köche, die am liebsten mit Tellern und Pfannen gleichzeitig jonglieren, verantworten stattdessen die komplette Buchhaltung. Oder zurückhaltende Zahlenmenschen sind plötzlich Chefs von Küchenmannschaften, die sie begeistern und für ein gemeinsames Ziel gewinnen sollen.

Das alles ist nicht nur am Geschmack vorbei, sondern vergeudetes Talent, Motivation und Geld. Was für ein kostspieliger Fehler!

Gerade in Zeiten, in denen jede Branche durch den digitalen Wolf gedreht wird, gibt es vor allem ein Rezept, um sich an Themen wie Arbeit 4.0, Diversity, Vernetzung, Attraktive Arbeitgeber oder Agilität anzupassen: Nämlich sich auf das zu konzentrieren, was Unternehmen wirklich erfolgreich macht: auf DEN MENSCHEN.

## Erfolgsrezept Mensch

Es sind und bleiben Menschen, die Unternehmen und Unternehmungen gestalten. Introvertierte und Extrovertierte, Mutige und Zögerliche, Führende und Ausführende, Rationale und Emotionale, Lebhafte und Besonnene, Spontane und Disziplinierte, Sach- und Menschorientierte. Jeder hat seine Talente. Keiner ist besser oder schlechter als der andere. Einfach nur anders. Im Denken, im Handeln, im Fühlen.

Es ist an der Zeit, Menschen an einen reich gedeckten Tisch einer Unternehmenskultur zu führen, an dem jeder seinen Platz findet. Wer es beherrscht, Menschen zu erkennen, stärkenzentriert einzusetzen und optimal in realen und virtuellen Teams zusammenzuführen, arbeitet mit den zentralen Grundzutaten unternehmerischen Erfolgs: Mitarbeiterzufriedenheit und Mitarbeiterbindung.*

## Filetkompetenzen entdecken

Doch wie gelingt es, jede Persönlichkeit mit ihren unterschiedlichen Stärken und Bedürfnissen zu verstehen und entsprechend einzusetzen?

Die Antwort: Mit einem einfachen, direkt in die Praxis umsetzbaren Modell, das Ihnen Ihre eigenen Stärken und die Ihrer Kollegen und Mitarbeiter auf dem Silbertablett serviert und Ihnen durch das perfekte Mise en Place der Talente eine strategische Teamzusammenstellung ermöglicht.

Und hier ist es: Dieses Workbook stellt Ihnen ein Persönlichkeitsmodell vor, das die gängigsten Typen, die uns in unserem Berufsleben begegnen, anhand von Küchengeräten charakterisiert. Einfach, spielerisch und sehr intuitiv kredenzt es Ihnen neben einer großen Portion Selbsterkenntnis die Möglichkeit, Talente zu entdecken, zu verstehen und zu nutzen.

To-go-Beschreibungen und praktische Verhaltensempfehlungen liefern Ihnen einen tiefen Blick in die Töpfe aller. Ausdrücklich nicht, um darin herumzurühren, sondern um jede individuelle Delikatesse darin schätzen zu lernen und mit einer wohldosierten Kommunikation die Stärken des gesamten Teams voll auszuschöpfen.

**WIR SERVIEREN IHNEN DAS ERFOLGSREZEPT MENSCH – ACHTUNG, DAS THEMA IST HEISS!**

---

* Vertiefende Literatur zu den Themenfeldern erhalten Sie in unserer ungewöhnlichen Sammlung von »Probierhäppchen« am Ende des Buches.

Warum Küchen-geräte?

# Warum Küchengeräte? Ich kann doch gar nicht kochen!

Persönlichkeitsanalysen gibt es wie Erbsen in der Dose. Sie heißen persolog Persönlichkeits-Profil, Biostruktur-Analyse, Myers-Briggs-Typenindikator, Reiss Profile oder 9 Levels of Value Systems, um nur einige anerkannte Modelle zu nennen. Es gibt Differenzierungen nach Farben, Buchstaben, Symbolen oder Wertesystemen. Einige sind sogar wissenschaftlich belegt und gehen auf Langzeitstudien zurück, die sie glaubhaft, aber nicht unbedingt praxistauglicher machen.

Unser Modell ist anders. Wir servieren Ihnen in diesem Buch die gängigsten Persönlichkeitstypen anhand von 14 Küchengeräten. Nah, intuitiv, schnell und leicht verdaulich. Es ist allein oder im Team anwendbar – ohne wissenschaftlichen Bodensatz, aber dennoch mit Substanz.

Unser Persönlichkeitsmodell ist in Sprache und Inhalt der Koch-Welt entnommen. Zum einen, weil heute jedes Unternehmen einer Spezialitätenküche gleicht, denn das Angebot, die »Speisekarte«, wird immer individueller, Kundenwünsche werden immer anspruchsvoller und die Zeit zwischen Bestellung und Service wird immer kürzer. Zum anderen, weil wir so ganz bewusst mit alltäglichen Geräten arbeiten können, die Sie alle kennen. Und dazu müssen Sie kein Sternekoch sein! Vielleicht hatten Sie den Eierpikser, die Teflonpfanne oder das Küchensieb gestern noch in der Hand? Auf jeden Fall haben Sie bei den Begriffen »Kochlöffel«, »Schneebesen« oder »Nussknacker« sofort ein Bild vor Augen.* Und Sie wissen aus eigener Erfahrung, dass jedes Küchengerät seinen ganz eigenen Charakter sowie ein klar umrissenes Einsatzgebiet hat und jedes für sich ein unersetzlicher Spezialist ist. Auch ohne (jegliche) fundierte Kochkenntnisse.

So stammt dieses Persönlichkeitsmodell direkt aus Ihrem Umfeld und bleibt nicht abstrakt. Genau das macht es Ihnen leicht, die Parallele zu sich selbst, zu Kollegen und Mitarbeitern zu ziehen und Ergebnisse und Verhaltensempfehlungen sofort in die Praxis umzusetzen. Und genau deshalb können Sie die Küchenutensilien direkt in die Arbeitswelt übertragen. SCHLIESSLICH IST JEDER MITARBEITER EINE GANZ INDIVIDUELLE DELIKATESSE – MAN MUSS ES NUR VERSTEHEN, IHN ZU GENIESSEN.

---

* **Verzehr-Hinweis:** Nach der Lektüre dieses Buches werden Sie ein anderes Verhältnis zu Ihren Küchengeräten haben und nicht mehr unvoreingenommen einen Schneebesen oder Sparschäler in die Hand nehmen können. Aber genau das ist gewollt. Viel Spaß!

# Die Zubereitung dieses Workbooks

Zunächst einmal steht das Entdecken Ihrer eigenen Stärken, Potenziale und Bedürfnisse im Fokus.

Um es noch einfacher und übersichtlicher zu machen, sind die 14 Küchengeräte, um die es in diesem Workbook geht, in zwei Gruppen eingeteilt, die eine grundsätzliche Verhaltenstendenz deutlich machen:

Gruppe 1: Die menschenorientierten HÜHNERSUPPENKÖCHE
Gruppe 2: Die sachorientierten FAKTENGARER

Zu beiden Gruppen gehören je sieben verschiedene Typen:

| **Hühnersuppenköche** | **Faktengarer** |
|---|---|
| Der Kochlöffel | Der Sparschäler |
| Die Schöpfkelle | Der Eierpikser |
| Der Schneebesen | Der Nussknacker |
| Der Schnellkochtopf | Der Messlöffel |
| Die Teflonpfanne | Das Nudelholz |
| Der Slow Cooker | Der Tauchsieder |
| Das Küchensieb | Der Pfannenwender |

In einem ersten Schritt zur Selbsterkenntnis finden Sie in unserem Test ab Seite 17 heraus, zu welcher dieser beiden Gruppen Sie gehören.

Da Sie als Faktengarer oder Hühnersuppenkoch ganz unterschiedlich an eine Aufgabe herangehen, servieren wir Ihnen danach die einzelnen Typ-Beschreibungen dann auch in zwei Varianten: Auf der jeweils linken Buchseite finden Sie die ausführliche, emotionalere Erklärung für die Hühnersuppenköche, auf der rechten Seite die übersichtlich gegliederten Informationen im »Kurzlesemodus« für die Faktengarer.

So kann sich jeder die Lesart gönnen, die ihm am besten schmeckt.

Die treffenden Beschreibungen der einzelnen Typen lassen Sie nicht nur schnell und mit einem Schmunzeln die überraschenden Parallelen zu den Küchengeräten ziehen, sondern ermöglichen es Ihnen auch, unvergesslich deren Stärken zu entdecken.

Die »Essenzen« aus den Typen-Beschreibungen finden Sie im Anschluss – hier haben Sie, Hühnersuppenkoch und Faktengarer, die Möglichkeit, alle Verhaltenstendenzen noch einmal übersichtlich Menü passieren zu lassen, zu überlegen, welche auf Sie persönlich zutreffen, und diese dann anzukreuzen. Ab Seite 19 werden Ihre Kreuze dann zusammengetragen und bilden die Zutaten für Ihr Persönlichkeitsrezept – in Wort und Bild.

Auf diese Weise finden Sie heraus, welchem Küchengerät Sie am ähnlichsten sind und welche Typen Ihre Talente abrunden. Lassen Sie sich im Anschluss überraschen, ob Ihre Selbsteinschätzung mit dem Bild übereinstimmt, das andere von Ihnen haben.

Natürlich können Sie auch Ihre Kollegen und Mitarbeiter nach demselben System analysieren, um herauszufinden, wer als Ansprechpartner in verschiedenen Situationen an den Tisch geholt werden sollte.

Studieren Sie danach unsere Rezeptvorschläge für Spitzenteams, erstellen Sie Ihre eigene Zutatenliste für Ihr »Dreamteam« und bereiten Sie Ihren Markenkern in 5 Schritten zu.

Ganz wichtig bei der Arbeit mit diesem Persönlichkeitsmodell ist, dass es keine Wertung gibt. Kein Küchengerät funktioniert besser oder schlechter als das andere, und alle sind unersetzlich. Oder haben Sie sich schon mal gefragt, ob der Kochlöffel effizienter ist als der Sparschäler? Nein, ganz sicher nicht, denn jeder hat seine Kernkompetenzen und ist ein unverzichtbarer Spezialist im Zusammenspiel des gesamten Teams.

Begeben Sie sich nun in Ihre Persönlichkeits-Küche und finden Sie heraus, welcher Faktengarer oder Hühnersuppenkoch Sie sind, wer aus Ihrem Team zu welchem Typ am besten passt und mit welchen Talenten man für die verschiedensten Aufgaben am schnellsten Sterne bekommt.

Los geht's: Krempeln Sie die Ärmel hoch, nehmen Sie einen Stift zur Hand und machen Sie dieses Buch zu Ihrem ganz persönlichen Nouvelle-Workbook mit Unterstreichungen, Ergänzungen und neuen Erkenntnissen über Sie selbst und andere.

**Übrigens:** Der männliche bzw. weibliche Artikel eines Küchengeräts schließt immer beide Geschlechter mit ein. Auf den Zusatz »w/m« wird zugunsten des Leseflusses verzichtet.

*Wer in fremde Töpfe*
*schauen will,*
*sollte sich in seinem*
*schon gespiegelt haben.*

# Hauptgang: ICH

# Hühnersuppenkoch oder Faktengarer? – Das ist hier die Frage.

Wie bereits angekündigt, bieten wir Ihnen mit diesem Test die Möglichkeit, herauszufinden, zu welcher Verhaltensrichtung Sie tendieren: zum Hühnersuppenkoch oder zum Faktengarer.

Dafür haben wir für Sie einige berufliche Alltagssituationen beschrieben. Kreuzen Sie spontan an, in welchem Verhalten Sie sich am meisten wiederfinden. Bitte bearbeiten Sie alle Fragen und überspringen Sie keine.

Entscheiden Sie jeweils, welche der beiden Aussagen Ihrem Verhalten in Ihrem Arbeitsumfeld am nächsten kommt – auch wenn sie nicht hundertprozentig übereinstimmt.

# Ankreuztest

Wem gleichen Sie mehr? Dem Hühnersuppenkoch (HSK) oder dem Faktengarer (FG)? Kreuzen Sie das Icon neben der Aussage an, die am ehesten für Sie zutrifft:

## 1. Jobsuche und erster Arbeitstag

Ihren neuen Job finden Sie, weil Sie gezielt in Ihrem Bekanntenkreis gestreut haben, dass Sie arbeitssuchend sind. So haben Sie von einem Arbeitgeber erfahren, in dessen Unternehmen eine passende Stelle vakant ist. Am ersten Arbeitstag stellen Sie sich persönlich allen neuen Kollegen vor und sind schnell mit ihnen per Du.

Sie kennen Ihre Fähigkeiten und suchen gezielt in Jobbörsen nach einer Arbeitsstelle, die Ihnen die gewünschten Gehalts- und Aufstiegsmöglichkeiten bietet. An Ihrem ersten Tag prüfen Sie das vorhandene Arbeitsmaterial und warten erst mal ab, bis die Kollegen auf Sie zukommen. An Ihrem Arbeitsplatz pflegen Sie vorzugsweise die Sie-Form.

## 2. Morgens als Erstes am Arbeitsplatz

Sie ziehen Ihre Jacke aus, schalten den Computer an und schauen auf dem Weg in die Kaffeeküche in die anderen Büros, um bereits arbeitende Kollegen fröhlich zu begrüßen.

Sie erreichen Ihren Arbeitsplatz, ohne dass es irgendjemand mitbekommt. Wortlos checken Sie Ihre Mails. Kollegen, die Ihnen einen guten Morgen wünschen, nicken Sie höflich zu.

## 3. Ihr Schreibtisch

Ihr Arbeitsplatz ist ein ARBEITS-PLATZ. Da gibt es kein Schnickschnack, sondern klare Strukturen und nur das, was Sie wirklich brauchen.

Ihr Schreibtisch ist Ihr Zuhause. Hier stehen Bilder von den Kindern, vielleicht eine Blume, ein Sprüche-Kalender und natürlich Ihre Lieblingstasse mit passendem Untersetzer.

## 4. In der Pause

Sie setzen einen komplett gefüllten Wasserkocher auf und gehen dann entweder von Bürotür zu Bürotür und fragen, ob noch jemand einen Tee möchte. Vielleicht kennen Sie die Vorlieben Ihrer Kollegen auch so gut, dass Sie ungefragt den jeweiligen Lieblingstee zubereiten und den Kollegen am Schreibtisch servieren.

Sie messen mit Ihrer Tasse die für Ihren Tee benötigte Menge Wasser ab und füllen sie in den Wasserkocher. So ist in kürzester Zeit Ihr Tee fertig und Sie wieder am Schreibtisch.

## 5. Bei einer Präsentation

Sie erzählen erst mal eine kurze Geschichte, um Ihre Zuhörer auch emotional auf das Thema einzustimmen. Dann unterhalten Sie Ihr Auditorium mit bildreich illustrierten Informationen und begeistern jeden mit Ihren Visionen.

Sie präsentieren Zahlen, Daten Fakten und nach maximal drei Charts, auf denen wenig Worte – besser noch Zahlen – stehen, haben Sie eines unmissverständlich klargemacht: Die Aufgabe ist gelöst.

## 6. Im Umgang mit Kunden

Sie haben eine persönliche Beziehung zu Ihren Kunden, wissen, dass der Hund erkrankt ist oder die Tochter eingeschult wurde, und knüpfen beim nächsten Gespräch erst mal daran an.

Privates gehört für Sie nicht in ein Kundengespräch. Sie bedienen Ihren Kunden ohne Umwege mit dem, was er braucht: mit Lösungen.

## 7. Im Umgang mit Kollegen

Sie tauschen sich gerne aus, erzählen von zu Hause, hören aufmerksam zu und kennen die aktuelle Lebenssituation Ihrer Kollegen. Sie sehen schon von hinten am Gang Ihrer Kollegen, wenn irgendwas nicht stimmt. Dann fragen Sie besorgt nach und bieten Hilfe an – egal bei welchem Thema.

Wer Sie sind oder wie Sie leben, bleibt Ihr Geheimnis, denn Sie erzählen nicht viel von sich und schon gar nichts von zu Hause. Sollten Sie erkennen, dass es einem Kollegen nicht gut geht, lassen Sie ihn in Ruhe. Schließlich möchten Sie selbst in solchen Situationen auch nicht angesprochen werden.

## 8. Beim Thema Gehalt

Ihnen fällt es schwer, mehr Geld für Ihre Arbeit zu fordern. Sie zeigen vollen Einsatz und sind überzeugt davon, dass man Ihre Leistung irgendwann honorieren wird.

Wenn Ihnen Ihr Gehalt nicht angemessen erscheint, bitten Sie umgehend um ein Gehaltsgespräch. Sie machen anhand von belegbaren und auf Sie zurückzuführenden Erfolgen deutlich, warum Ihr Anspruch auf mehr Lohn gerechtfertigt ist.

## 9. Am Geburtstag

Den Termin Ihrer Geburt kennt nur Ihre Personalakte und Sie legen auch keinen Wert darauf, dass Ihre Kollegen Ihren Geburtstag wahrnehmen. Bestenfalls verlassen Sie Ihren Arbeitsplatz an diesem Tag pünktlich.

Sie bringen an Ihrem Geburtstag selbstverständlich Kuchen mit. Da sich eine Kollegin vegan ernährt und eine andere unter Allergien leidet, backen Sie am Vorabend gerne eine entsprechende Auswahl an Süßem.

## 10. Bei der Kündigung (dem Gedanken, das Unternehmen zu verlassen)

Selbst wenn Ihnen Ihre Aufgabe nicht hundertprozentig gefällt und Sie Ihre Potenziale nicht voll entfalten können, hält Sie ein Team, in dem Sie sich wohlfühlen, lange Zeit von einer Kündigung ab.

Sie kündigen, wenn Sie Ihre Aufgabe nicht mehr als Herausforderung empfinden, denn es ist für Sie nur ein kurzer Schritt von der »inneren« bis zur schriftlichen Kündigung.

## Zählen Sie zusammen:

Wie viele Kreuze haben Sie beim

Anzahl der Kreuze:

# Auswertung

Systeme, um Menschen besser zu verstehen, sollten schnell und einfach sein, sonst sind sie nicht alltagstauglich. Aus diesem Grund entspricht jede dieser 10 Fragen 10 Prozent Ihrer Verhaltenstendenz. Werten Sie nun die von Ihnen angekreuzten »Hühnersuppenköche« beziehungsweise »Faktengarer« aus. Die folgenden Beispiele machen es vor:

### Beispiel 1:

Sie haben 3 »Hühnersuppenköche« und 7 »Faktengarer« angekreuzt.

Sie sind damit ein 70-prozentiger sachorientierter Faktengarer.

Ihnen wird der reduzierte, faktenreiche Kurzlesemodus unserer Typenbeschreibungen auf den jeweils rechten Buchseiten am besten gefallen. Analysieren Sie, welchem Faktengarer-Typ Sie am meisten entsprechen.

### Beispiel 2:

Sie haben 8 »Hühnersuppenköche« und 2 »Faktengarer« angekreuzt und sind damit ein menschorientierter 80-prozentiger Hühnersuppenkoch.

Sie können sich nun auf die ausführlichen Beschreibungen unserer Hühnersuppenkoch-Typen auf der linken Buchseite freuen und herausfinden, mit welchem Küchengerät Sie die meisten Übereinstimmungen haben.

### Beispiel 3:

Sie haben 5 »Hühnersuppenköche« und 5 »Faktengarer« angekreuzt.

Das ist spannend, denn jetzt dürfen Sie auf alle beschriebenen Typen der Hühnersuppenköche und Faktengarer neugierig sein. Entscheiden Sie spontan, ob Sie die linke (ausführlichere) oder die rechte (knackig kurze) Beschreibung lesen möchten.

**Das ist mein Ergebnis:**

**Ich bin ein ______ -prozentiger ______________________!**

# Hühnersuppenkoch oder Faktengarer – das ist nun keine Frage mehr!

Da Sie nun wissen, welche führende Tendenz Ihrem Verhalten zugrunde liegt, wird es Ihnen leichtfallen, auch Ihre Kollegen und Mitarbeiter einzuschätzen. Gehen Sie die Fragen einfach noch einmal aus dem Blickwinkel der Person durch, die Sie besser verstehen wollen.

Mit diesem Grundrezept kann man jeden Menschen schnell und sicher in Hühnersuppenkoch oder Faktengarer einordnen. Das vereinfacht nicht nur den richtigen Umgang mit ihm, sondern macht auch auf besondere Fähigkeiten aufmerksam. Darüber hinaus lässt es die Überlegung zu, ob der jeweilige Kollege oder Mitarbeiter stärkenzentriert an der richtigen Position eingesetzt wird.

Bevor wir Ihnen die personifizierten Küchengeräte einzeln vorstellen, hier noch einmal alle 14 Typen im Überblick.

Jedem Küchengerät haben wir eine »menschliche« Eigenschaft zugeordnet, die es im Kern trifft.

**Die Hühnersuppenköche**

Der Kochlöffel – Der Motivator
Die Schöpfkelle – Die Fürsorgliche
Der Schneebesen – Der Kreative
Der Schnellkochtopf – Der Tempomacher
Die Teflonpfanne – Die Aufmerksame
Der Slow Cooker – Der Warmherzige
Das Küchensieb – Der Ordnende

**Die Faktengarer**

Der Sparschäler – Der Effiziente
Der Eierpikser – Der Scharfsinnige
Der Nussknacker – Der Problemlöser
Der Messlöffel – Der Genaue
Das Nudelholz – Der Macher
Der Tauchsieder – Der Energiegeladene
Der Pfannenwender – Der Analytiker

**Wir beginnen mit den 7 Typen des Hühnersuppenkochs –**

Blättern Sie um, es geht los!

Unser Geist
gewinnt Nahrung,
wenn wir uns
um andere kümmern.

# Der Hühnersuppenkoch

## Basiseigenschaften

Der Hühnersuppenkoch ist ein empathischer, hilfsbereiter Bauch-Mensch, bei dem zwischenmenschliche Beziehungen an erster Stelle stehen.

Kommunikativ und ideenreich, wirkt er auf seine Umgebung harmonisierend, begeisternd und aufbauend. Sein Ziel ist es, dass alle ihre Portionen abbekommen und sich wohlfühlen.

Er ist vorrangig ein Teamplayer.

## Zu den Hühnersuppenköchen gehören

Der Kochlöffel – Der Motivator

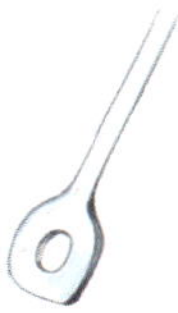

Die Schöpfkelle – Die Fürsorgliche

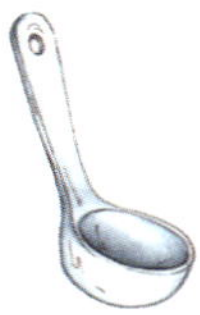

Der Schneebesen – Der Kreative

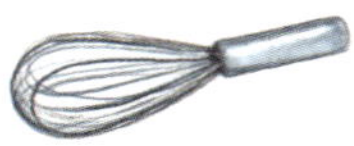

Der Schnellkochtopf – Der Tempomacher

Die Teflonpfanne – Die Aufmerksame

Der Slow Cooker – Der Warmherzige

Das Küchensieb – Der Ordnende

# Der Kochlöffel
# Der Motivator

Das größte Geheimnis, um persönliche Stärken nicht in der Alltagsbrühe untergehen oder anbrennen zu lassen, ist – ähnlich wie bei einem Risotto –, dass das gesamte Team ständig in Bewegung gehalten wird. Nur so kommt es zu der gewünschten Team-Homogenisierung, bei der jede Komponente dennoch ihren individuellen Biss behält. Ohne einen rührenden Kochlöffel ist das undenkbar.

**To-go-Rezept**

Dieser stets griffbereite Teamplayer serviert völlig uneigennützig die Tagesration an Begeisterung, Motivation und Spaß an der Arbeit.

# Für den Hühnersuppenkoch

Egal aus welchem Holz er geschnitzt ist, der empathische Kochlöffel hinterlässt auf keiner noch so sensiblen Oberfläche Kratzer und ist stets griffbereit zur Stelle – auch in Brennpunkten.

Sein charakteristisches Loch verringert den Rührwiderstand und erleichtert es ihm, alle Teamcharaktere harmonisch zu verwirbeln, bis eine optimale Bindung entsteht. Er bringt zusammen, hebt unter, streicht glatt, rührt Hochkochendes herunter und verhindert Klümpchenbildung, indem er zwischen allen vermittelt.

Statt überdosiertem Karriereehrgeiz bringt er eine große Portion Einfühlungsvermögen und Optimismus mit. Denn wichtiger als das Erklimmen der Chefkochposition ist dem loyalen Stimmungsmacher ein motivierendes, positives Küchenklima, das er durch seine mitreißende Begeisterungsfähigkeit manchmal auch zum Überschäumen bringt.

Am liebsten kehrt der Teamplayer Disharmonien unter den Tisch, denn sein Leibgericht ist und bleibt nun mal der Friede-Freude-Eierkuchen.

## Verhaltensempfehlung

Einen besser gelaunten Gefährten, der Ihnen ohne Hintergedanken eine Extraportion Motivation ausschenkt und bereitwillig die Kastanien für Sie aus dem Feuer holt, werden Sie nicht finden.

Nutzen Sie seine Großzügigkeit und den Freiraum, den er Ihnen einräumt, aber keinesfalls aus. Trotz aller Leichtigkeit und jedem Verständnis will auch der Kochlöffel nach der Garzeit ein perfektes Risotto auf seinem Teller sehen.

Seien Sie respektvoll und ebenso griffbereit für ihn, wie er es für Sie ist. Halten Sie Zusagen zuverlässig ein und machen Sie nicht den Fehler, ihn aufgrund seiner verständnisvollen Art nicht ernst zu nehmen oder zum Rauspicken eigener Rosinen zu missbrauchen.

Nehmen Sie den wenig aufstiegsorientierten Küchenprofi, der oft allen anderen den Vortritt lässt, mit auf die Karriereleiter, indem Sie andere auf seine Stärken und seinen Einsatz für das gesamte Team aufmerksam machen. Schließlich werden Sie auch auf der nächsten Küchenetage Motivation, Spaß und Begeisterung brauchen.

**Übrigens:** Wenn man an die Spezialitäten auf dem oberen Regalbrett nicht drankommt, hilft der Kochlöffel, sie in die richtige Richtung zu schubsen, sodass Sie sie auffangen können.

# Für den Faktengarer

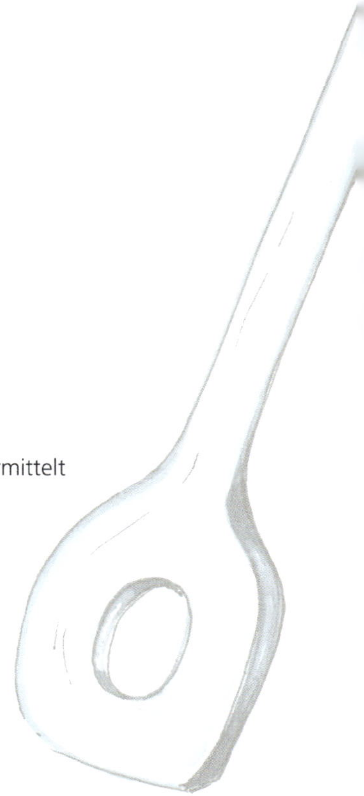

## Der Kochlöffel

- stets griffbereit zur Stelle – auch in Brennpunkten
- empathisch und verständnisvoll
- bringt das Team zusammen
- hebt unter, streicht glatt, rührt Hochkochendes herunter
- verhindert Klümpchenbildung, indem er zwischen allen vermittelt
- motivierend und optimistisch
- loyaler, gutgelaunter Stimmungsmacher und Teamplayer
- sorgt für ein motivierendes, positives Küchenklima
- mitreißend und begeisterungsfähig
- liebt Friede-Freude-Eierkuchen

## Verhaltensempfehlung

- Nutzen Sie seine Großzügigkeit nicht aus.
- Seien Sie respektvoll und ebenso griffbereit für ihn, wie er es für Sie ist.
- Halten Sie Zusagen zuverlässig ein.
- Nehmen Sie ihn ernst.
- Missbrauchen Sie ihn nicht zum Rauspicken eigener Rosinen.
- Genießen Sie das harmonische, positive Küchenklima, das er schafft.
- Nehmen Sie ihn mit auf die Karriereleiter.
- Geben Sie ihn nie ab.

Satz des Kochlöffels

**»Wer die Suppe versalzen hat, ist doch jetzt egal – wir löffeln sie gemeinsam aus. Wir packen das!«**

# Die Schöpfkelle
# Die Fürsorgliche

Hat man endlich alle an einen Tisch bekommen, stellt sich die Frage, wie das Aufgaben-Gulasch und die darin befindlichen begehrten Stücke aufgeteilt werden sollen. Immer sitzt die Angst, dass ein Teller leer bleibt, mit am Tisch. Zumindest dann, wenn Sie keine Schöpfkelle im Team haben. Denn sie sorgt mit einheitlichem Kellen-Maß dafür, dass alle ihre Portion bekommen.

**To-go-Rezept**

**Dieser unerschöpfliche Spezialist fischt die besten Stücke heraus und verteilt sie gerecht, sodass keiner vor einem leeren Teller sitzt.**

# Für den Hühnersuppenkoch

Kommunikativ und sozial talentiert geht die Schöpfkelle auch den undurchsichtigsten Projekten auf den Grund. Sie verschafft sich einen Überblick, mischt noch einmal alles gut durch und sorgt für eine gleichmäßige Verteilung von begehrten und weniger begehrten Anteilen.

Sie portioniert, strukturiert, teilt ein und wenn nötig auch aus. Während sie den Hunger des gesamten Teams im Blick behält, achtet sie auf jeden Einzelnen und bewirtet alle mit ihrer sozialen Kompetenz.

Mit ihrem ausgeprägten Gerechtigkeitssinn gelingt es ihr, niemanden zu über- oder unterfordern, und sie berücksichtigt persönliche Vorlieben. Engagiert und schwungvoll trägt sie schließlich die Reste und den Bodensatz eines Projekts zusammen und verteilt damit geschickt den einen oder anderen Nachschlag.

Auch Mut, Kraft und Optimismus kann man aus ihr schöpfen, denn sie hat für jeden ein offenes Ohr und eine Extraportion Empathie. Nur eines mag die Schöpfkelle nicht: Sie kann Futterneid und Konkurrenzverhalten gegen Tischnachbarn nicht tolerieren und erwartet, dass jeder mit dem, was er auf dem Teller hat, zufrieden ist.

## Verhaltensempfehlung

Als guter Beobachter schätzt die Schöpfkelle Kompetenzen, Fähigkeiten und Kapazitäten sicher ein, und Sie können sicher sein, dass die Portion, die sie Ihnen serviert, genau auf Sie zugeschnitten ist.

Wer austeilt, kann auch einstecken – das gilt auch für die Schöpfkelle, zumindest dann, wenn Sie das offene Gespräch mit ihr suchen und mit fairem Blick auf das gesamte Team argumentieren.

Trotz aller Empathie und der Fähigkeit, auf die verschiedensten Bedürfnisse einzugehen sowie Defizite von Teammitgliedern auszugleichen, ist es ihr primäres Ziel, den gemeinsamen Erfolg auf den Tisch zu bringen – tragen Sie verlässlich Ihre Portion dazu bei.

Genießen Sie ihren Optimismus und ihre Grundzufriedenheit und vergessen Sie nicht, zum Ausdruck zu bringen, wie sehr Sie die integrative Arbeit der Schöpfkelle wertschätzen, denn das füllt die Ressourcen auf, aus denen sie schöpft.

Missbrauchen Sie sie auf keinen Fall für Ihre Ziele – schöpft die Kelle den Verdacht, Sie wollten sich nur einen Nachschlag erschleichen, dann teilt sie auch mal aus.

**Übrigens** können Sie mit ihrer Hilfe jemandem auf die Finger klopfen, der Ihnen die Butter vom Brot nehmen will.

# FÜR DEN FAKTENGARER

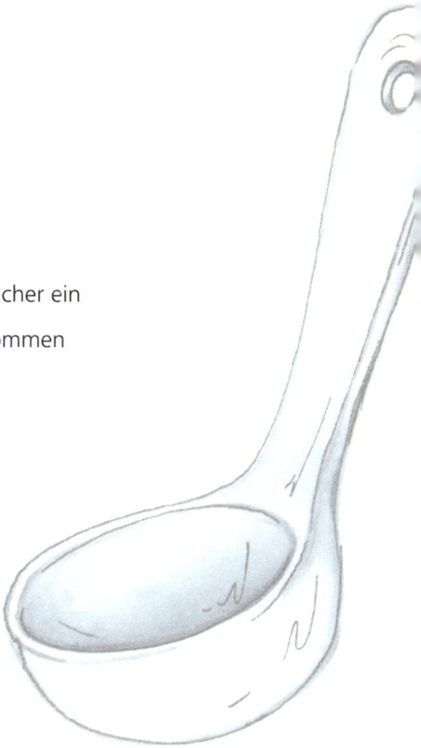

## Die Schöpfkelle

- verfügt über einen ausgeprägten Gerechtigkeitssinn
- schätzt Kompetenzen, Fähigkeiten und Kapazitäten sicher ein
- sorgt unerschöpflich dafür, dass alle ihre Portion bekommen
- kommunikativ, empathisch und sozial talentiert
- erweist sich als gute Beobachterin
- portioniert, strukturiert, teilt ein
- bewirtet alle mit ihrer sozialen Kompetenz
- über- oder unterfordert niemanden
- verteilt Mut, Kraft und Optimismus
- toleriert keinen Futterneid oder Konkurrenzverhalten

## Verhaltensempfehlung

- Vertrauen Sie ihrer Beobachtungsgabe.
- Seien Sie mit Ihrer Portion zufrieden, sie ist genau auf Sie zugeschnitten.
- Tragen Sie verlässlich die Ihnen von ihr ausgegebene Portion zum Gesamterfolg bei.
- Kosten Sie von ihrem Optimismus und ihrer Grundzufriedenheit.
- Wertschätzen Sie die integrative Arbeit der Schöpfkelle.
- Missbrauchen Sie sie auf keinen Fall für Ihre Ziele.

Satz der Schöpfkelle

**»ES IST GENUG FÜR ALLE DA.«**

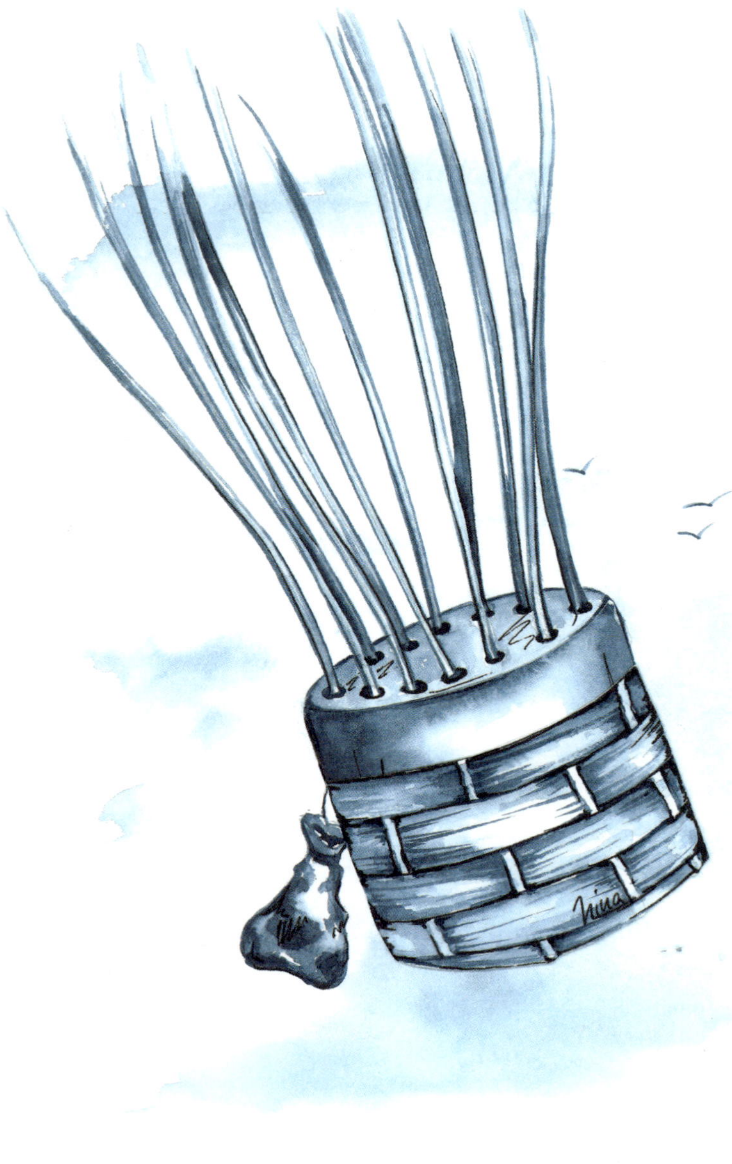

# Der Schneebesen
# Der Kreative

Manche Projekte bestehen aus einem derart schweren Teig, dass sie – wenn überhaupt – nur höchst zähflüssig in Bewegung kommen und alles bis zur Handlungsunfähigkeit verkleben. Wie sehr wünscht man sich in solchen Momenten einen Schneebesen, der einfach unter jedes Thema eine ordentliche Portion Luft hebt und dem Ganzen mit pfiffigen Einfällen eine wohlschmeckende Leichtigkeit gibt.

**To-go-Rezept**

Dieser kreative Wirbelwind verpasst schwer Verdaulichem ein ideenreiches und luftig-leichtes Topping.

# FÜR DEN HÜHNERSUPPENKOCH

Schwungvoll und wie aus dem Handgelenk bringt der Schneebesen Bewegung in schwergängige Themen. Dabei hebt der drahtige Wirbelwind redegewandt Luft unter die zähe Masse, womit er nicht nur dafür sorgt, dass Projekte wieder atmen können, sondern auch, dass mehr Volumen für neue Ideen entsteht.

Seine Spezialität besteht nicht in der präzisen, analytischen Arbeit, aber er ist der unangefochtene Maître der Selbstvermarktung und unschlagbar, wenn es um die souveräne und charmante Präsentation von Einfällen und Ergebnissen geht.

Zuweilen neigt der Schneebesen dazu, sich und sein Können aufzuschäumen. Sein Hunger nach Aufmerksamkeit und Lob fordert täglich eine hohe Dosierung. So verkauft er sich gekonnt als Sternekoch, rührt in allen Töpfen und gibt gerne seinen Senf dazu.

Trotz seiner für einige Geschmäcker als Besserwisserei empfundenen Art setzt der Schneebesen mit seinem überschäumenden Optimismus wichtige Impulse, um aus schweren Brocken leichte Kost werden zu lassen.

## Verhaltensempfehlung

Gönnen Sie dem Schneebesen die Schau und servieren Sie ihm das Lob, nach dem er sich so verzehrt. Sehen Sie es ihm nach, wenn manches aus der Luft gegriffen erscheint, denn die durch seinen Wirbel und seine Kreativität belebten Projekte werden auch Ihnen besser schmecken und bekommen.

Genießen Sie seine Rhetorik. Schneiden Sie sich ein Stück seines Selbstvertrauens und seiner Eigenvermarktung ab. Sollte es Ihnen nicht gelingen, Projekte ebenso redegewandt und charmant zu präsentieren, dann setzen Sie ihn gekonnt für Ihre Ziele ein.

Lassen Sie sich von seinem unerschütterlichen Optimismus, seiner Inspiration und seiner Leichtigkeit anstecken und setzen Sie gemeinsam mit ihm jedem noch so schweren Projekt eine luftige Baiser-Haube auf.

**Übrigens:** Ein Schneebesen wirbelt schon mal staubige Strukturen auf – lässt aber niemanden in der Luft hängen.

# Für den Faktengarer

## Der Schneebesen

- schwungvoller und kreativer Wirbelwind
- gibt Projekten mit pfiffigen Einfällen eine wohlschmeckende Leichtigkeit
- lässt Projekte wieder atmen
- gibt Volumen für neue Ideen
- gilt als Maître der Selbstvermarktung
- präsentiert souverän und charmant
- hungrig nach Aufmerksamkeit und Lob
- rührt in allen Töpfen und gibt gerne seinen Senf dazu
- setzt mit seinem überschäumenden Optimismus wichtige Impulse
- macht aus schweren Brocken leichte Kost

## Verhaltensempfehlung

- Gönnen Sie dem Schneebesen die Schau.
- Servieren Sie ihm das Lob, nach dem er sich verzehrt.
- Haben Sie Nachsicht, wenn manches aus der Luft gegriffen erscheint.
- Genießen Sie seine Rhetorik.
- Schneiden Sie sich ein Stück seines Selbstvertrauens und seiner Eigenvermarktung ab.
- Setzen Sie ihn gekonnt für Ihre Ziele ein.
- Lassen Sie sich von seinem Optimismus, seiner Inspiration und seiner Leichtigkeit anstecken.
- Setzen Sie gemeinsam mit ihm schweren Projekten eine Baiser-Haube auf.

Satz des Schneebesens

»Lasst mich mal ran, das wird euch begeistern.«

# Der Schnellkochtopf
# Der Tempomacher

Vor ein paar Jahren hatte man noch stundenlang Zeit, Gerichte zuzubereiten. Heute muss es immer und überall schnell gehen, denn wer am schnellsten serviert, hat unschlagbare Wettbewerbsvorteile. Kurze Lieferzeiten bei gleichzeitiger Schonung der Ressourcen sind in aller Munde. Ein Vollprofi auf diesem Gebiet ist der Schnellkochtopf, der dank leidenschaftlichem Druck und hoher Temperatur kürzeste Projekt-Garzeiten garantiert.

**To-go-Rezept**

Dieser heiße Turbo-Kollege bringt in kürzester Zeit und mit beinahe überkochender Leidenschaft Blitzprojekte auf den Tisch.

# Für den Hühnersuppenkoch

Dieser leistungsstarke Turbo-Kollege mag es nicht nur heiß, sondern noch viel heißer. Sein Temperaturbereich liegt weit über dem Siedepunkt, sodass er Projekte mit genügend Druck und Leidenschaft in Bestzeit zubereiten kann. Während der Meister des Zeitmanagements keine Sekunde verschenkt, schont er gleichzeitig die ihm anvertrauten Inhalte, sodass unter seinem Deckel nichts verloren geht.

Den nötigen Dampf bekommt er vor allem durch seine manchmal auch überkochende Leidenschaft und sein emotionales Engagement. Äußerlich dickwandig und schwer, lässt alles Zwischenmenschliche sein sensibles Herz jedoch ebenso schnell schlagen, wie er gart.

Impulsiv steht er manchmal sogar derart unter Druck, dass der Deckel hochzugehen droht. Das ist auch der Grund, warum ihn sein Umfeld oft nur mit Vorsicht und vorzugsweise mit etwas Distanz genießt.

Aber so explosiv, wie es den Anschein hat, ist er gar nicht. Sein patentierter Sicherheitsverschluss und seine Ventile arbeiten zuverlässig. Auch wenn er nicht immer souverän in der Balance scheint, ist der Schnellkochtopf stets authentisch und herzlich.

## Verhaltensempfehlung

Im Umgang mit ihm brauchen Sie unbedingt Fingerspitzengefühl und ein gutes Timing. Lassen Sie ihn zunächst ohne Sorge vor sich hin zischen. Bleiben Sie aber stets aufmerksam und behalten Sie sein Ventil im Auge.

Mit Ihrem Verständnis und Ihrer Wertschätzung helfen Sie ihm, seine bisweilen überschäumenden Emotionen produktiv zu kanalisieren. Versorgen Sie ihn hierzu ausreichend mit Lob. Geben Sie ihm regelmäßig die Möglichkeit, wohldosiert Druck abzulassen. Sorgen Sie aber in jedem Fall dafür, dass Sie den heißen Dampf nicht persönlich abbekommen.

Nutzen Sie seine Leidenschaft und seine Leistungsbereitschaft unbedingt als Prozessbeschleuniger. Niemand bringt Ihnen so schnell und so gehaltvolle Ergebnisse wie der Schnellkochtopf.

**Übrigens:** Schnellgarer können übereinandergestapelt mehrere Projekte gleichzeitig verarbeiten und sind damit doppelt effizient.

# FÜR DEN FAKTENGARER

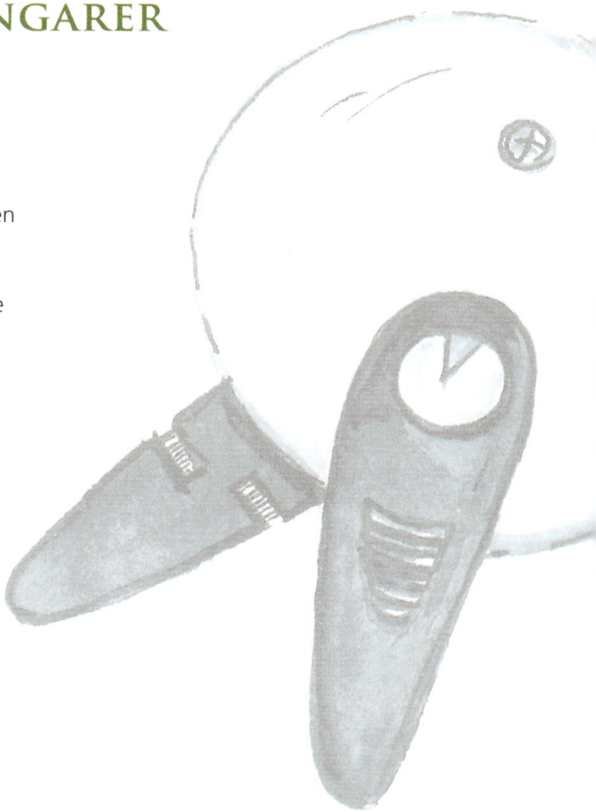

## Der Schnellkochtopf

- leistungsstarker Turbo-Kollege
- garantiert kürzeste Projekt-Garzeiten
- Meister des Zeitmanagements
- schont die ihm anvertrauten Inhalte
- leidenschaftlich und emotional
- äußerlich dickwandig und schwer
- impulsiv, aber nicht explosiv
- authentisch und herzlich
- engagiert
- multitaskingfähig

## Verhaltensempfehlung

- Zeigen Sie Fingerspitzengefühl.
- Achten Sie auf gutes Timing.
- Lassen Sie ihn vor sich hin zischen.
- Bleiben Sie stets aufmerksam.
- Behalten Sie sein Ventil im Auge.
- Unterstützen Sie ihn, seine Emotionen produktiv zu kanalisieren.
- Versorgen Sie ihn mit Verständnis und Wertschätzung.
- Geben Sie ihm die Möglichkeit, wohldosiert Druck abzulassen.
- Nutzen Sie seinen leidenschaftlichen Druck als Prozessbeschleuniger.

Satz des Schnellkochtopfs

»IN DER KÜRZE LIEGT DIE WÜRZE.«

# Die Teflonpfanne
# Die Aufmerksame

Im sonst so robusten Alltagsgeschäft benötigen hochsensible Projekte gerade im Bereich umfangreicher Geschäftsabschlüsse eine große Portion Empathie, ein feines Gespür für den richtigen Moment und eine sichere Intuition. So wie ein edler Fisch nicht in eine schwere, viel zu heiße Gusspfanne gehört, benötigen Sie für derart delikate Aufgaben die patent beschichtete Teflonpfanne.

**To-go-Rezept**

Diese geschickte Taktikerin schwenkt diffizile Projekte garantiert ohne Ansetzen in die richtige Richtung.

# Für den Hühnersuppenkoch

Die feinfühlige Teflonpfanne mit ihrer empfindlichen Oberfläche gart grundsätzlich nur bei mäßiger Hitze und sorgt mit ihrer ausgeprägten Empathie dafür, dass nichts anbrennt.

Als hervorragende Beobachterin mit einer sehr differenzierten Sinneswahrnehmung entgeht ihr kein Detail. So nimmt sie Gelegenheiten und Gefahren früher wahr als alle anderen und schwenkt anspruchsvolle Projekte dann aufmerksam und geschickt in die gewünschte Richtung.

Mit Akribie, einem perfekten Timing und einer beneidenswerten Intuition lässt die Teflonpfanne die ihr anvertrauten Aufgaben nach gefühlvollem Schwenken elegant auf den Teller gleiten. Selbstverständlich auf den Punkt gegart und dank professioneller Antihaftbeschichtung absolut rückstandslos.

Oft sieht sie sich dem Vorwurf gegenüber, dass an ihr nichts – auch keine Verantwortung – haften bleibt. Dazu sollte man aber wissen, dass das sensible Leichtgewicht unter einem ständigen Druck ihren außergewöhnlichen Spürsinn verliert und sich deshalb davor schützt. Außerdem ist sie auf diese Weise schnell wieder bereit, ihre wertvollen Stärken bei einer neuen Aufgabe unter Beweis zu stellen.

## Verhaltensempfehlung

Dass die Teflonpfanne oft alleine arbeitet, heißt nicht, dass sie ein Einzelgänger ist. Im Gegenteil, sie braucht wie kein anderer das Gefühl, zu einem Team zu gehören, und benötigt unbedingt Kooperation statt Konfrontation. Schaffen Sie also ein solidarisches Küchenklima ohne Intrigen, dafür aber mit viel Verständnis.

Kritik nimmt sich die sensible Teflonpfanne sehr zu Herzen und ist dann schnell angekratzt und verletzt. Denken Sie also daran und benutzen Sie kein scharfes Tranchiermesser beim Filetieren ihrer Projekte.

Eine Teflonpfanne ist kein Dickhäuter. Seien Sie in Ihrer Kommunikation taktvoll und unaufdringlich und bringen Sie ihr stets Wertschätzung entgegen. Aber Achtung, die Teflonpfanne hat ein sehr intensives Gespür und merkt sofort, wenn es nicht authentisch und ehrlich gemeint ist.

Nutzen Sie sie als hervorragende Taktikerin bei sensiblen Projekten, die gefühlvoll und ohne Ansetzen durchgeführt werden sollen.

**Übrigens:** Die Antihaftbeschichtung hat auch den Effekt, dass die Teflonpfanne nicht nachtragend ist.

# Für den Faktengarer

## Die Teflonpfanne

- empathisch, feinfühlig, empfindlich, sensibel
- gart nur bei mäßiger Hitze
- lässt nichts anbrennen
- hervorragende Beobachterin
- differenzierte Sinneswahrnehmung
- stets aufmerksam
- nimmt Gelegenheiten und Gefahren früh wahr
- schwenkt Projekte geschickt und besonnen in die gewünschte Richtung
- Akribie, perfektes Timing und Intuition
- gefühlvoll, elegant, professionell

## Verhaltensempfehlung

- Geben Sie ihr das Gefühl, zum Team zu gehören.
- Sie braucht Kooperation statt Konfrontation.
- Schaffen Sie ein solidarisches Küchenklima.
- Sorgen Sie für ein verständnisvolles Umfeld.
- Benutzen Sie kein scharfes Tranchiermesser beim Filetieren ihrer Projekte.
- Kommunizieren und kritisieren Sie taktvoll und unaufdringlich.
- Bringen Sie ihr Achtung und Wertschätzung entgegen.
- Verhalten Sie sich ehrlich und authentisch.
- Nutzen Sie sie als hervorragende Taktikerin bei sensiblen Projekten.

Satz der Teflonpfanne

»Ich weiss, wie wir das gebacken kriegen.«

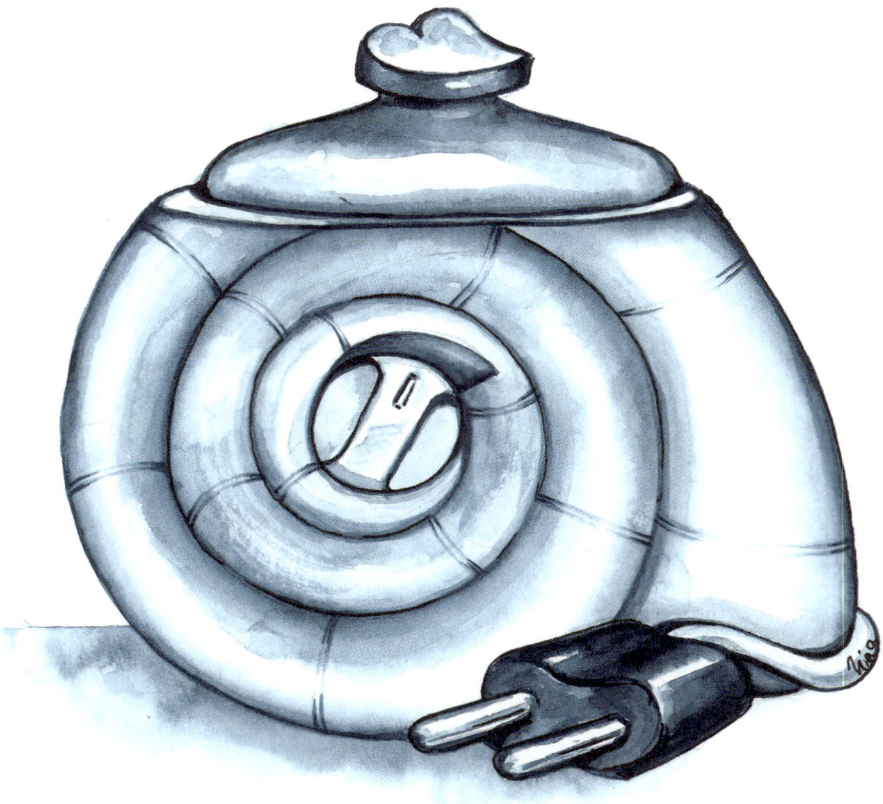

# Der Slow Cooker
# Der Warmherzige

Zeit ist heute eine der wichtigsten Ressourcen überhaupt. Meistens haben wir keine. Fast Food und To-go sind die Regel. Umso mehr beweist uns der butterzarte Schmorbraten aus Großmutters Küche, welch ungeahnte Qualität erreichbar ist, wenn man den Dingen Zeit und Wärme gibt. Sie wollen diese Art der Qualität? Dann brauchen Sie einen Slow Cooker, der mit menschlicher Wärme Projekte zubereitet, die auf der Zunge zergehen.

**To-go-Rezept**

Dieser harmonieliebende Projekterwärmer verhilft langsam, aber sicher allen Komponenten zur vollen Entfaltung.

# Für den Hühnersuppenkoch

Typisch für diesen warmherzigen Projektausbrüter ist, dass er immer zuverlässig – auch in der Hitze der Küchenschlacht – unter dem Siedepunkt bleibt. Er brodelt nicht, kocht nicht über und bei ihm verbrennt sich auch niemand.

Langsam, aber sicher gibt der zurückhaltende Harmonieverbreiter seine gleichmäßige Wärme ab. So »ziehen« Projekte schonend gar, wobei alle Komponenten die Möglichkeit haben, sich kraftvoll zu entfalten, und dabei weder trocken werden noch an Geschmack verlieren.

Am liebsten schmort der introvertierte Slow Cooker dabei im eigenen Saft. Er benötigt nur wenig Energie und verlangt keinerlei Aufmerksamkeit. Im Gegenteil, der pflichtbewusste Kollege arbeitet lieber selbstständig im Verborgenen.

Für sein Schneckentempo und seine Niedrigtemperatur wird der gutmütige und eher stille Schmortyp manchmal belächelt und als lauer Aufwärmer verkannt. Das aber auch nur bis zu dem Moment, in dem er seine wirklich ausgekochten, hochkonzentrierten Lösungen kredenzt.

## Verhaltensempfehlung

Das Wichtigste, was Sie in der Zusammenarbeit mit einem Slow Cooker wissen müssen, ist, dass auch Sie keinen Schnellkochtopf aus ihm machen werden. Nehmen Sie ihn also an, wie er ist.

Geben Sie ihm die Zeit, die Ruhe und den Raum, den er braucht. Hier führen nur eine langfristige Planung und eine große Portion Geduld zu einem – dann aber absolut begeisternden – Ziel.

Betrauen Sie ihn mit Aufgaben, die höchste Ansprüche an die Qualität stellen, aber keinen hohen Zeitdruck haben. Herausforderungen, die schnelle Entscheidungen und rasches Handeln bedürfen, sind nichts für ihn.

Nein, Sie dürfen den Deckel nicht zwischendrin öffnen! Warten Sie geduldig die zugegeben manchmal zermürbend lange Garzeit ab. Verbringen Sie diese am besten mit der Vorfreude auf ein einzigartiges Ergebnis.

Gewähren Sie ihm nicht unbegrenzt Aufschub. Machen Sie ihm klar, dass Termine eingehalten werden müssen, aber halten Sie sich diesen Küchenprofi unbedingt mit wohltemperierter Anerkennung warm.

**Übrigens:** Ein Slow Cooker ist kein Bummler, denn er ist immer pflichtbewusst und zuverlässig bei der Sache.

# FÜR DEN FAKTENGARER

## Der Slow Cooker

- bleibt zuverlässig unter dem Siedepunkt
- brodelt nicht, kocht nicht über, niemand verbrennt sich
- zurückhaltender Harmonieverbreiter
- gibt gleichmäßige menschliche Wärme ab
- lässt Projekte schonend gar ziehen
- verhilft allen Komponenten zur vollen Entfaltung
- schmort gern im eigenen Saft
- energieeffizient
- selbstständig
- liefert ausgekochte, hochkonzentrierte Lösungen

## Verhaltensempfehlung

- Auch Sie machen keinen Schnellkochtopf aus ihm.
- Nehmen Sie ihn an, wie er ist.
- Geben Sie ihm die Zeit, die Ruhe und den Raum, den er braucht.
- Planen Sie langfristig.
- Seien Sie geduldig.
- Geben Sie ihm Aufgaben mit Qualitätsanspruch, aber ohne Zeitdruck.
- Öffnen Sie nicht vorzeitig den Deckel.
- Warten Sie die Garzeit ab.
- Freuen Sie sich auf das Ergebnis.
- Gewähren Sie ihm nicht unbegrenzt Aufschub.
- Halten Sie ihn sich mit Anerkennung warm.

Satz des Slow Cookers

»GUT DING BRAUCHT WEILE.«

Nina

# Das Küchensieb
# Der Ordnende

Nicht selten kredenzt uns der Arbeitsalltag ein unübersichtliches Allerlei und stellt uns vor die Aufgabe, die Komponenten zunächst einmal sauber voneinander zu trennen. Wie gut, dass es hierfür das Küchensieb gibt, das zuverlässig den Gemenge-Eintopf sortiert. Die damit erzielte Übersicht schafft Klarheit und gibt den so fraktionierten Bestandteilen die Chance, sich genussvoll – getrennt voneinander – weiterzuentwickeln.

**To-go-Rezept**

Dieser feinfühlige Sortierer sorgt für sachliche und emotionale Trennschärfe und ermöglicht damit separate Lösungswege.

# Für den Hühnersuppenkoch

Ebenso feinmaschig wie feinfühlig hängt sich das neutrale Küchensieb in die jeweilige sachliche oder auch emotionale Gemengelage. Empathisch gießt es Überflüssiges ab, fängt zuverlässig auf und filtert gekonnt Trüb- oder Schwebstoffe aus Projekten und Beziehungen heraus.

So erzielt das Küchensieb einerseits einen klaren und rückstandsfreien Fond als Basis für eine konzentrierte Essenz. Andererseits fischt es die vorher darin untergegangenen Bestandteile sicher ab. Oft siebt es dabei auch Komponenten aus, die überhaupt nichts mit der Sache zu tun haben.

Um eine deutliche Trennung bemüht, schafft das zurückhaltende und verständnisvolle Sieb nicht nur Klarheit, sondern ermöglicht den Lagern auch ihren eigenen Wirkungsbereich und damit die Grundlage unterschiedlicher Lösungswege.

Mitunter passiert es auch, dass die durch seinen sensiblen Filter gestrichenen Projekte zu größter Qualität gelangen, da sie absolut klümpchenfrei und in ihrer Homogenität unübertroffen sind. In diesen Fällen gelingt es dem Küchensieb auf unnachahmliche Weise, sich deutlich voneinander unterscheidende Bereiche sanft und cremig zu verbinden.

## Verhaltensempfehlung

Machen Sie sich weder etwas daraus, wenn Sie durch die Siebporen fallen, noch, wenn Sie in ihnen hängen bleiben. Damit ist nur selten eine Wertung verbunden, denn das unparteiische Küchensieb ist stets bemüht, beiden Seiten Raum zu geben und gerecht zu werden.

Freuen Sie sich lieber darauf, nach der Trennung mit Ihresgleichen in einem Topf zu landen, um dort Lösungen nur für Ihre Fraktion entwickeln zu können.

Das Küchensieb ist ein Filter, dem nichts entgeht. Es sorgt für eine unübertroffene Trennschärfe und einen klaren Blick – nutzen Sie es also, um Projekte wertfrei zu sortieren und unübersichtliche Gemische zu strukturieren.

Verwenden Sie es, um mit seiner Hilfe Sachliches von Emotionalem und Relevantes von Unwichtigem zu trennen.

**Übrigens:** Dem aufmerksamen Küchensieb entwischt nichts, und entgegen aller Behauptungen hat es ein gutes Gedächtnis – ist aber nie nachtragend.

# Für den Faktengarer

## Das Küchensieb

- zurückhaltend, verständnisvoll, unparteiisch, neutral
- hängt sich in sachliche und emotionale Gemengelage
- gießt empathisch Überflüssiges ab
- fängt die Auslese auf
- filtert Trüb- oder Schwebstoffe aus Projekten und Beziehungen
- erzielt einen klaren, rückstandsfreien Fond
- schafft Übersicht und Klarheit
- sorgt für sachliche und emotionale Trennschärfe
- kann unterscheidende Bereiche homogen verbinden
- will allen Seiten Raum geben und gerecht werden

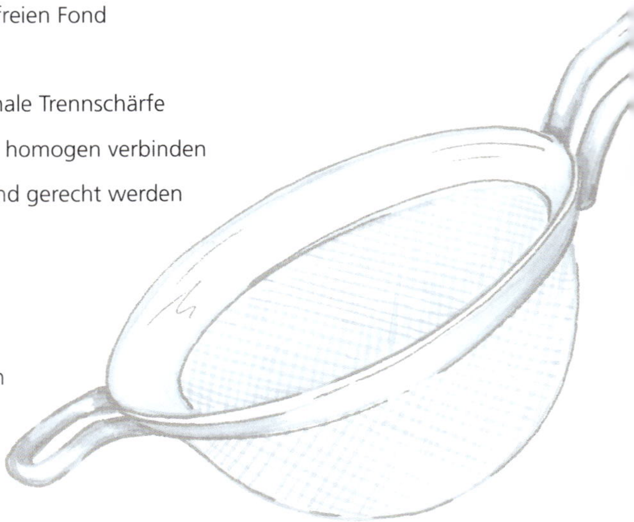

## Verhaltensempfehlung

- Werten Sie es nicht, wenn Sie durch die Siebporen durchfallen oder hängen bleiben.
- Freuen Sie sich, nach der Trennung mit Ihresgleichen in einem Topf gelandet zu sein.
- Entwickeln Sie Lösungen nur für Ihre Fraktion.
- Verwenden Sie es als Filter, dem nichts entgeht.
- Nutzen Sie es, um Projekte wertfrei zu sortieren und zu strukturieren.
- Trennen Sie mit ihm Sachliches von Emotionalem und Relevantes von Unwichtigem.

Satz des Küchensiebs

»Jeder in sein Töpfchen.«

„Geht nicht“ steht nicht auf der Karte.

# Der Faktengarer

## Basiseigenschaften

Der Faktengarer ist eher ein ziel- und aufgabenorientierter Kopf-Mensch, der Zahlen, Daten und Fakten schätzt. Alles, was er tut, ist effizient und zielorientiert.

Oftmals ist er sehr kritisch und ehrgeizig. Er plant strategisch, beobachtet genau, analysiert jedes Detail und strebt nach Perfektion. Sein Ziel ist es, die Aufgabe möglichst schnell und effektiv zu erfüllen.

Er ist vorrangig ein Problemlöser.

## Zu den Faktengarern gehören

Der Sparschäler – Der Effiziente

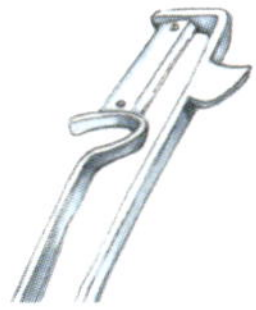

Der Eierpikser – Der Scharfsinnige

Der Nussknacker – Der Problemlöser

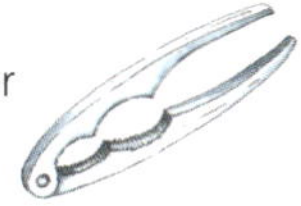

Der Messlöffel – Der Genaue

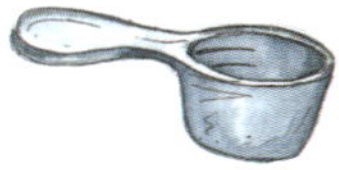

Das Nudelholz – Der Macher

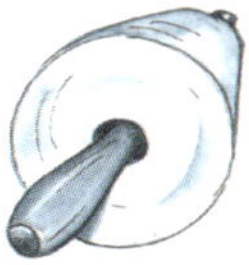

Der Tauchsieder – Der Energiegeladene

Der Pfannenwender – Der Analytiker

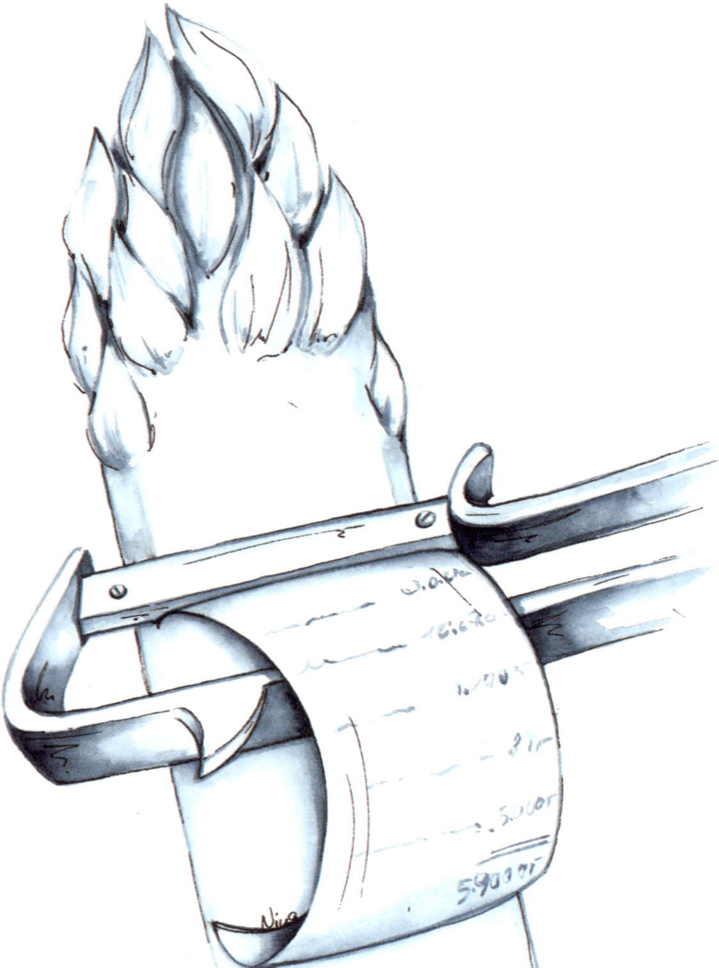

# Der Sparschäler
# Der Effiziente

Ständig begegnen uns im Berufsleben Situationen, in denen wir »so viel wie nötig«, aber »so wenig wie möglich« einsetzen wollen. Das ist vergleichbar mit dem Spargelschälen. Ein paar übersehene zähe Fasern machen das Königsgemüse ungenießbar, aber natürlich soll so wenig wie möglich der kostbaren Stangen verloren gehen. Um Verschwendung zu vermeiden, braucht es die ebenso strategische wie entschlossene Klinge des Sparschälers.

**To-go-Rezept**

Dieser Wächter der Effizienz entfernt beharrlich und systematisch Überflüssiges und sorgt für eine stimmige Bilanz.

# Für den Hühnersuppenkoch

Im Umgang mit so wertvollen Ressourcen wie Zeit, Geld oder Energie kommt der analytische Sparschäler zum Einsatz. Sein messerscharfes Kalkül folgt exakt der Kontur des Projekts, und seine Schältiefe passt sich dem Aufgabenprofil präzise an.

Überflüssiges wird umgehend entfernt und anderen Projekten zugeführt. Er hat Nerven aus Edelstahl, die dafür sorgen, dass er systematisch vorgeht und sich weder ablenken noch beeinflussen lässt. Beharrlich schneidet der fleißige Sparschäler nicht nur gut ab, sondern nutzt auch verwertbare Reste ökonomisch, indem er aus den Spargelschalen eine vorzügliche Suppe kocht.

Seiner verantwortungsvollen Position ist er sich stets bewusst. So achtet er mit dosiertem Druck darauf, dass Fragiles nicht bricht, während er mit gekonnter Schnittführung und ständigen Qualitätskontrollen Projektgenüsse freilegt.

Bedauerlicherweise liegt es in der Natur des Sparschälers, dass seine beschneidende Art allen Projektbeteiligten unter die Haut geht. Der nicht gerechtfertigte Ruf des Erbsenzählers macht ihn oft zum Einzelgänger, obwohl jeder weiß, dass es seinem konsequenten »So viel wie nötig« und »So wenig wie möglich« zu verdanken ist, wenn die Bilanz am Ende stimmt.

## Verhaltensempfehlung

Führen Sie sich vor Augen, dass der Sparschäler Projekte weder lähmen noch sabotieren will und sich durch die Ressourcenrationierung auch nicht persönlich bereichert. Sein Einsatz dient vielmehr dem Bewahren von Vorräten, mit denen weitere Projekte erst möglich werden. Wechseln Sie also die Perspektive und lassen Sie sich mit ihm an Ihrer Seite das gute Gefühl der Kosteneffizienz schmecken.

Respektieren Sie den Rahmen, den er absteckt, und schöpfen Sie diesen gerne voll aus. Genießen Sie dabei die Sicherheit, die Ihnen der Sparschäler gibt – auch wenn die Zusammenarbeit mit dem Wächter der Effizienz viel Geduld und so manche Antragsbegründung verlangt.

Nutzen Sie den objektiven Analytiker als gerechten, eher emotionslosen Berater und arbeiten Sie durchweg gründlich, akkurat und pünktlich, denn er nimmt es sehr genau – auch hinter dem Komma.

Da der bescheidene Sparschäler mit der Suppe aus den Schalen zufrieden ist, ist es umso wichtiger, wenn Sie ihn hin und wieder zum Spargelessen einladen und ihm Ihre Wertschätzung für die stimmige Bilanz servieren.

**Übrigens:** Auch wenn Ihnen der Sparschäler unter die Haut geht, können Sie sich ganz sicher sein, dass er weder Ihnen noch dem Projekt an die Substanz will.

# Für den Faktengarer

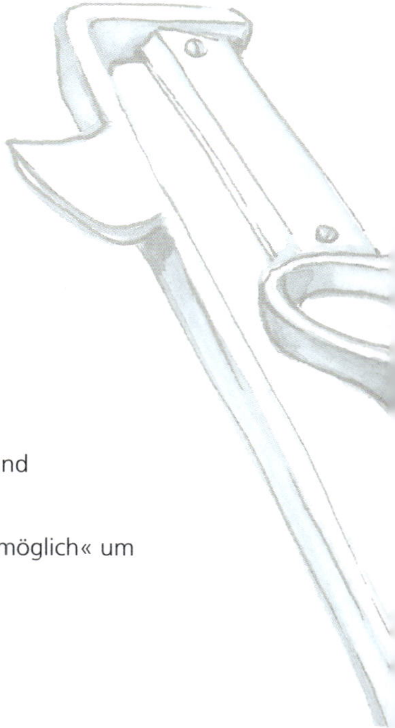

## Der Sparschäler

- Wächter der Effizienz
- analytisch, systematisch, beharrlich und fleißig
- passt die Schältiefe dem Aufgabenprofil an
- entfernt Überflüssiges und führt es anderen Projekten zu
- lässt sich nicht ablenken oder beeinflussen
- nutzt auch Reste ökonomisch
- verantwortungsbewusst, neutral, gerecht
- arbeitet mit dosiertem Druck, gekonnter Schnittführung und ständigen Qualitätskontrollen
- setzt konsequent »So viel wie nötig« und »So wenig wie möglich« um
- sorgt für eine stimmige Bilanz

## Verhaltensempfehlung

- Führen Sie sich vor Augen: Er geht unter die Haut, aber nicht an die Substanz.
- Lassen Sie sich das gute Gefühl der Kosteneffizienz schmecken.
- Respektieren Sie den Rahmen, den er absteckt, und schöpfen sie ihn aus.
- Genießen Sie die Sicherheit, die er Ihnen gibt.
- Seien Sie geduldig.
- Formulieren Sie die Antragsbegründungen, die er verlangt.
- Arbeiten Sie gründlich, akkurat und pünktlich.
- Nutzen Sie ihn als objektiven, gerechten und emotionslosen Berater.
- Engagieren Sie sich für Projekte, die er durch Ressourcenrationierung möglich macht.
- Servieren Sie ihm Ihre Wertschätzung.

Satz des Sparschälers

»Da können wir noch was einsparen.«

# Der Eierpikser

# Der Scharfsinnige

Haben Sie schon mal ein Ei gekocht, ohne es vorher anzupiksen? Dann kennen Sie das Dilemma von hervorquellenden Eiweißfäden und geplatzten Schalenbruchstücken. So geht es auch Projekten, die nicht durch die Hand eines versierten Eierpiksers gegangen sind und aus denen demzufolge die heiße Luft nicht frühzeitig entweichen konnte.

**To-go-Rezept**

Dieser gewissenhafte Profi unterstützt Sie durch seinen gestochen scharfen Verstand beim Ausbrüten perfekt durchdachter Ideen.

# Für den Hühnersuppenkoch

Es ist ein Irrglaube, dass die Stabilität eines Projekts durch das Anstechen eines Eierpiksers leidet. Im Gegenteil, denn das Ziel seines kritischen Blicks ist lediglich die flache Seite des Projekts. Durch seine gekonnt gesetzte Spitze sorgt er dafür, dass sich ausdehnende Luftblasen keine Risse verursachen und so die Keimzelle neuer Ideen nicht vorzeitig platzt.

Geht ein Projekt unter seiner Nadel und dem leichten Druck seines kompetenten Nachhakens dennoch zu Bruch, dann nur, weil es bereits angeschlagen war. Auf diese Weise bringt der Eierpikser nicht nur die Sollbruchstellen, sondern auch die damit verbundenen Verbesserungspotenziale ans Licht. Dass er es mit Projekten in einer hochsensiblen Phase zu tun hat, ist ihm dabei stets bewusst.

Nicht umsonst trägt er seine Nadel die meiste Zeit in sicherer Versenkung. Er möchte Projekte weder abschrecken noch köpfen. Sein Ziel ist es, dass Projekte je nach Zielvereinbarung wachsweiche oder hartgekochte Ergebnisse liefern. Flache Lösungen und heiße Luft in jeglicher Form sind ihm ein Dorn im Auge.

Der Eierpikser ist an der bestmöglichen Lösung interessiert. Menschen behandelt er dabei nicht gerade wie rohe Eier. Er würde aber niemals jemanden in die Pfanne hauen, denn das widerspricht seinen Ansprüchen an Fairness und Moral.

## Verhaltensempfehlung

Es gibt niemanden in Ihrem Team, der Ihnen ein derart sicheres Gefühl geben kann, an alles gedacht zu haben, wie der Eierpikser.

Dieser mit analytischem Scharfsinn und kritischen Fähigkeiten ausgerüstete Küchenkamerad ist ein absoluter Spezialist auf seinem Gebiet. Was er für stichhaltig bewertet, ist garantiert das Gelbe vom Ei. Daher ist es gut, ihm frühzeitig Ihre Ideen zu servieren und ihn bei Bedarf nachsalzen zu lassen.

Sorgen Sie mit einer ordentlichen Portion Selbstbewusstsein und einer sachlichen Grundeinstellung dafür, dass er Sie nicht persönlich verletzt, denn das ist selten sein Ziel. Durchsieben Sie seine kritischen Äußerungen nüchtern nach wertvollen Hinweisen und nutzen Sie sein konsequentes Nachhaken als Basis für Ihre eigene Weiterentwicklung.

**Übrigens**, wenn er seine Aufgabe erfüllt hat, wird er nicht selten zum Eierwärmer, der sich beim Ausbrüten einer guten Idee gerne engagiert.

# FÜR DEN FAKTENGARER

## Der Eierpikser

- gestochen scharfer und analytischer Verstand
- setzt kritisch und gekonnt seine Spitze
- lässt heiße Luft raus
- verhindert frühzeitig, dass Projekte platzen
- bringt Sollbruchstellen und Verbesserungspotenziale ans Licht
- strebt nach der bestmöglichen Lösung
- behandelt Menschen nicht gerade wie rohe Eier
- haut niemanden in die Pfanne
- hoher Anspruch an Fairness und Moral
- vermittelt das Gefühl, an alles gedacht zu haben

## Verhaltensempfehlung

- Servieren Sie ihm Ihre Ideen frühzeitig.
- Lassen Sie ihn bei Bedarf nachsalzen.
- Sorgen Sie ihm gegenüber für eine ordentliche Portion Selbstbewusstsein.
- Entwickeln Sie eine sachliche Grundeinstellung.
- Durchsieben Sie seine kritischen Äußerungen nüchtern nach wertvollen Hinweisen.
- Nutzen Sie sein konsequentes Nachhaken für Ihre Weiterentwicklung.

Satz des Eierpiksers

»DAS IST JETZT IRRELEVANT – FAKTEN BITTE!«

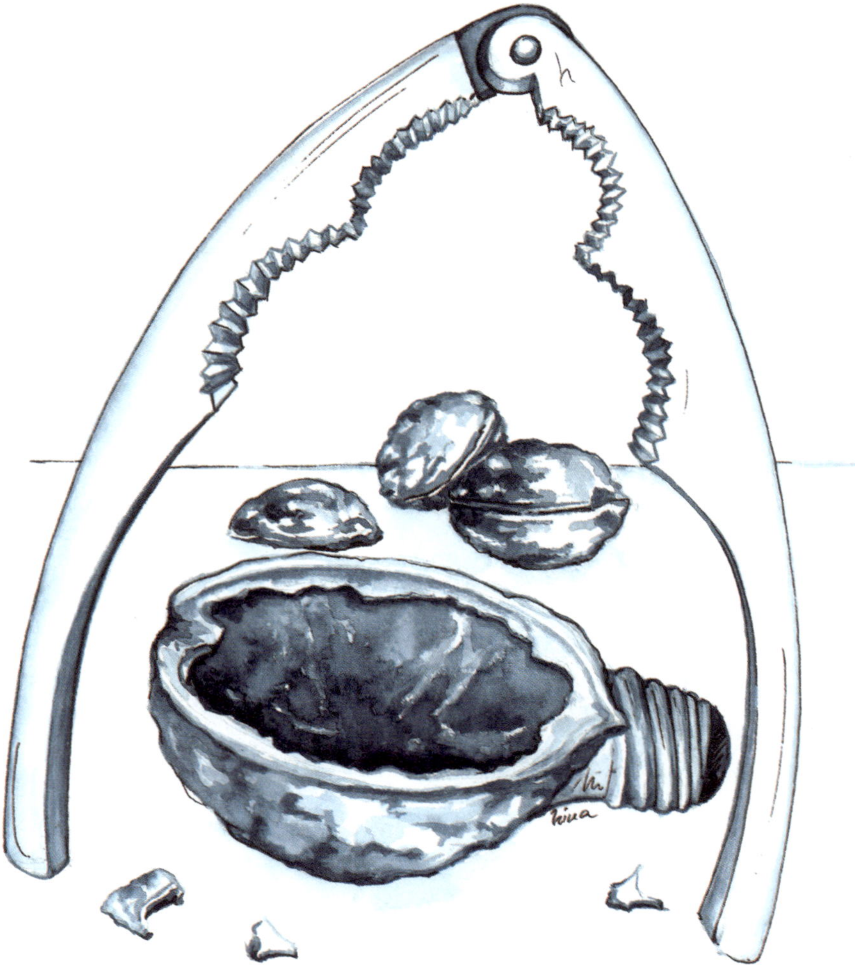

# Der Nussknacker
# Der Problemlöser

Haben Sie schon einmal eine Nuss mit den Zähnen geknackt? Dann wissen Sie, wie es sich anfühlt, wenn man sich die Zähne ausbeißt. Ebenso schmerzhaft sind Projekte, deren harte Schale verhindert, dass man zum Kern vordringt. Spätestens dann werden wir uns der Unverzichtbarkeit eines Nussknackers bewusst, der auch größte Herausforderungen in seine Zange nimmt und sich bis zur Lösung durchbeißt.

**To-go-Rezept**

**Dieser durchsetzungsstarke Stratege löst unter dem Motto »Knacken, nicht kleckern« jede Aufgabe ohne großen Kraftaufwand und bleibt dabei stets hungrig auf Probleme.**

# FÜR DEN HÜHNERSUPPENKOCH

Anders als vermutet steht beim nüchternen und wortkargen Nussknacker nicht die Zerstörung der Nussschale im Mittelpunkt seines Wirkens. Vielmehr geht es dem genialen Strategen um den kürzesten Weg zu einem unversehrten Kern.

Zu diesem Zweck dreht und wendet der hochsensible und verantwortungsbewusste Nussknacker seine Aufgabe so lange, bis er mit dem richtigen Hebel den optimalen Knackpunkt zu packen bekommt. Am liebsten verzieht sich der von Natur aus ruhige und strukturierte Küchenprofi hierfür gerne in seine Nussecke.

Durch den effizienten Einsatz seiner Kräfte überwindet er mühelos Widerstände und sprengt mit einer nicht vorstellbaren Leichtigkeit auch härteste Strukturen. Die Lösungen, die er so entwickelt, sind ein absoluter Hochgenuss und auf geniale Weise einfach in der Zubereitung.

Auch wenn der Nussknacker gegenüber Problemstellungen gerne die Zähne zeigt, nimmt er niemals Kollegen in die Zange oder verteilt Kopfnüsse.

## Verhaltensempfehlung

Ähnlich einfach und klar wie seine Arbeitsweise ist auch die Gebrauchsanweisung eines Nussknackers. Machen Sie nicht viele Worte, legen Sie den Härtefall mit all seinen Schwierigkeiten aufs Tablett – je kniffliger und unlösbarer die Aufgabe erscheint, desto mehr wird er sich die Finger danach lecken.

Bei der analytischen Arbeitsweise eines Nussknackers besteht oft ein schwer nachvollziehbares Ungleichgewicht zwischen der zeitintensiven Positionierung der Nuss und dem eigentlichen Knacken. Lassen Sie ihn deshalb einfach in Ruhe, bis Sie es knacken hören.

Nach einer eher wortkargen und schnörkellosen Präsentation seiner schlichten und dadurch umso effektiveren Lösung bringen Sie Ihre Anerkennung besser nicht mit zu viel Begeisterung zum Ausdruck. Die einzigen unknackbaren Nüsse für einen Nussknacker sind nämlich überschwängliche Emotionen, zu viel Nähe und große Worte. Stattdessen bedienen Sie ihn nach einem kurzen fachlichen Lob – vorzugsweise per Mail - lieber mit der nächsten Nuss.

**Übrigens**: Für einen Nussknacker sind Probleme Geschenke – scheuen Sie sich nicht, sie auch als solche zu übergeben.

# FÜR DEN FAKTENGARER

## Der Nussknacker

- beißt sich bis zur Lösung durch
- nüchterner, wortkarger, genialer Stratege
- sucht den kürzesten Weg zum Kern
- ruhig, strukturiert, verantwortungsbewusst
- verzieht sich gerne in seine Nussecke
- überwindet mühelos Widerstände
- sprengt auch härteste Strukturen
- schafft genial einfache und dadurch umso effektivere Lösungen
- zeigt gegenüber Problemstellungen die Zähne
- nimmt niemals Kollegen in die Zange oder verteilt Kopfnüsse

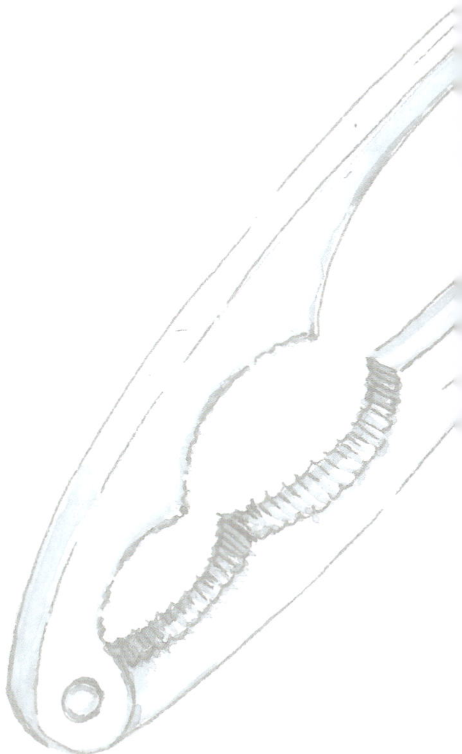

## Verhaltensempfehlung

- Machen Sie nicht viele Worte.
- Legen Sie ihm den Härtefall mit all seinen Schwierigkeiten aufs Tablett.
- Lassen Sie ihn in Ruhe, bis es knackt.
- Servieren Sie ihm eine Nuss nach der anderen.
- Vermeiden Sie überschwängliche Emotionen, zu viel Nähe und große Worte.
- Loben Sie fachlich – vorzugsweise per Mail.

Satz des Nussknackers

»PROBLEM GELÖST.«

20
10

# Der Messlöffel
# Der Genaue

Viele Aufgaben gleichen heute einem hochsensiblen Soufflé, bei dem man erst wenn es schon auf der Zunge liegt, weiß, ob alles wie geplant aufgegangen ist. Im Vorfeld solcher Vorhaben kommt es auf das genaue Abwägen aller Eventualitäten und Konsequenzen und auf die exakte Dosierung aller Rahmenbedingungen an, was diese Herausforderungen zu Sternstunden des Messlöffels macht.

**To-go-Rezept**

Dieser unverzichtbare Experte mit Tiefgang sollte trotz seiner zurückhaltenden Art stets für das Maß aller Dinge herangezogen werden.

# Für den Hühnersuppenkoch

»Darf es ein bisschen mehr sein?« »Nein!« Denn der Messlöffel hält nichts von Augenmaß und Toleranzen. Bei seinem Maßstab an Qualität fällt jedes Detail, jedes Grad und jede Sekunde ins Gewicht. Er ist ein analytischer Rezeptsammler, der Zutatenlisten führt und dafür sorgt, dass sie präzise und korrekt eingehalten werden.

Mit überproportional viel Tiefgang dokumentiert, protokolliert und evaluiert er gewissenhaft und fleißig. Dabei verzichtet er konsequent auf Ermessensspielräume, denn er hat keinerlei Bedürfnis, einem Rezept seine persönliche Note aufzudrücken. Stattdessen dosiert er sich selbst eher »unter« als »über«. Nur in Situationen, in denen es wirklich wichtig ist, das richtige Maß zu finden, setzt er sich angemessen – jedoch nie anmaßend oder vermessen – durch.

Nahezu emotionslos wägt er jedes Für und Wider ab. Justiert das Zusammenspiel sämtlicher Komponenten, misst nie mit zweierlei Maß und widersteht geduldig dem Drang, die Ofentür des Projekt-Soufflés zu früh zu öffnen.

Manchmal wird sein Perfektionismus als Detailversessenheit interpretiert und als blockierend und innovationsfeindlich empfunden. Dies aber nur, bis man erkennt, dass man dank des Messlöffels eine reproduzierbare, gleich hohe Qualität schaffen kann.

## Verhaltensempfehlung

So tief sein Löffel auch sein mag – ein Messlöffel ist in aller Regel ein Asket, der zurückhaltend, diszipliniert und bescheiden auch mit dem geringsten Maß an Bestätigung zufrieden ist.

Bei ihm gilt: Weniger ist mehr. Alles, was Sie ihm servieren, sollte einem Teller der Nouvelle Cuisine gleichen: kleine Portionen, wenige Zutaten, hohe inhaltliche Qualität, übersichtlich angerichtet.

Bauen Sie mit wohldosierter Wertschätzung und angemessenem Lob Vertrauen auf und servieren Sie ihm frühzeitig alle relevanten Projektinformationen. Aber Vorsicht: Ein Messlöffel braucht genügend Zeit, damit er strukturiert und Gang für Gang vorgehen kann. Zu viel Druck, mehrere Projekte gleichzeitig und spontane Planänderungen sind nicht seine Leibspeisen.

Nutzen Sie den Hüter der Maßhaltigkeit als analytischen Berater und schenken Sie ihm stets Gehör, wenn er etwas in die Waagschale legt. Lassen Sie sich aber keinesfalls durch seinen Perfektionismus einschüchtern.

**Übrigens:** Stille Messlöffel sind tief. Oft überraschen die ebenso höflichen wie bescheidenen Messlöffel mit beeindruckenden Freizeitinteressen.

# FÜR DEN FAKTENGARER

## Der Messlöffel

- zurückhaltend, präzise und geduldig
- wägt alle Konsequenzen genau ab
- achtet auf die exakte Dosierung aller Rahmenbedingungen
- hat einen hohen Maßstab an reproduzierbarer Qualität
- analytischer Rezeptsammler
- dokumentiert, protokolliert, evaluiert
- verzichtet auf Ermessensspielräume
- dosiert sich selbst eher »unter«
- setzt sich ein, wenn es wirklich wichtig ist, das richtige Maß zu finden
- verhält sich nie anmaßend oder vermessen

## Verhaltensempfehlung

- Liefern Sie ihm kleine Portionen, wenige Zutaten und hohe inhaltliche Qualität.
- Bauen Sie mit Wertschätzung und Lob Vertrauen auf.
- Servieren Sie ihm frühzeitig alle relevanten Projektinformationen.
- Geben Sie ihm genügend Zeit.
- Vermeiden Sie zu viel Druck, mehrere Projekte gleichzeitig und spontane Planänderungen.
- Nutzen Sie ihn als analytischen Berater.
- Schenken Sie ihm Gehör, wenn er etwas in die Waagschale legt.
- Lassen Sie sich nicht durch seinen Perfektionismus einschüchtern.

Satz des Messlöffels

»HABEN WIR WIRKLICH ALLE EVENTUALITÄTEN ABGEWOGEN?«

Ziel

# Das Nudelholz
# Der Macher

Wahrscheinlich rührt das grobe Image des Nudelholzes daher, dass es in Geschichten und Karikaturen oft als Druckmittel missbraucht wurde. Sein fälschlicher Ruf steht aber im krassen Gegensatz zu seinem exquisiten Können. Ist doch ein nahezu transparenter, hauchzart ausgerollter Strudelteig nur unter Einsatz eines Nudelholzes möglich. So outet sich der scheinbar ungehobelte Holzklotz oft als Powerkollege mit erstaunlichen Spezialitäten.

**To-go-Rezept**

Dieser effiziente Powerkollege hat den Mut, außergewöhnliche Lösungswege zu gehen, um einen Projektstrudel der Meisterklasse zuzubereiten.

# Für den Hühnersuppenkoch

Durch seine durchsetzungsstarke und zupackende Persönlichkeit gerät das dynamische Nudelholz schnell in den Mittelpunkt. So entsteht der irreführende Eindruck, es würde alles zu Boden drücken und niederwalzen, was ihm unterkommt.

Das Gegenteil ist jedoch der Fall, denn das energiegeladene Nudelholz arbeitet absolut aufgabenorientiert und effizient. Auf der Suche nach der besten Lösung treten Hierarchieunterschiede oder Zuständigkeitsbereiche in den Hintergrund, und es zählt nur das perfekt ausgerollte Ergebnis.

Spontan, kreativ und durchaus risikobereit probiert es auch unkonventionelle Lösungswege aus und genießt, wenn es so richtig rundgeht. Umgehend bringt es notwendige Prozesse ins Rollen, fällt intuitiv überfällige Entscheidungen und agiert selbstbewusst und unabhängig.

Sein enormer Tatendrang macht das schnell schaltende Nudelholz oft unverdient zum Einzelgänger, da Kollegen und Mitarbeiter das schnelle und manchmal planlos wirkende Agieren nicht gebacken kriegen. Auch Zwischenmenschliches leidet unter seinem ungeduldigen Arbeitseifer, und so eckt das Nudelholz durch seine überrollende Art gelegentlich an.

## Verhaltensempfehlung

Vergessen Sie das Vorurteil, dass ein Nudelholz sich nur um sich selber dreht, alles breittritt und nur »flach« kann.

Nutzen Sie den beeindruckenden Tatendrang und die vielseitigen Begabungen dieses Powerkollegen, um einen puderzuckerbestäubten Projektstrudel der Meisterklasse zuzubereiten.

Lassen Sie das Nudelholz machen! Bremsen Sie es nicht aus – es sei denn, Sie müssen es vor sich selbst und einer völligen Verausgabung schützen, wozu das Nudelholz leicht neigt.

Versuchen Sie sich einfach mitzudrehen. Lassen Sie sich vom Workflow des Nudelholzes mitreißen und profitieren Sie von seinem Mut und seiner Agilität.

Vor allem aber konkurrieren Sie nicht mit ihm. Das Nudelholz sucht eine zielführende Kooperation auf Augenhöhe, bei der es ausschließlich auf das optimale Resultat ankommt. Rivalitäten um jeden Teigkrümel interessieren den Kollegen nicht.

**Übrigens:** Wenn Sie sich das Nudelholz zum Partner machen, glättet es auch ganz sicher die ein oder andere Woge in Ihrem Sinne.

# Für den Faktengarer

## Das Nudelholz

- effizienter, mutiger Powerkollege
- durchsetzungsstark, dynamisch, energiegeladen
- steht schnell im Mittelpunkt
- aufgabenorientiert und effizient
- sucht den kürzesten Weg zum perfekt ausgerollten Ergebnis
- spontan, kreativ, risikobereit
- probiert auch unkonventionelle Lösungswege aus
- genießt es, wenn es so richtig rundgeht
- bringt Prozesse ins Rollen
- selbstbewusst und unabhängig

## Verhaltensempfehlung

- Vergessen Sie Vorurteile.
- Nutzen Sie den Tatendrang und die Begabungen des Powerkollegen.
- Lassen Sie das Nudelholz machen.
- Bremsen Sie es nicht aus.
- Versuchen Sie sich mitzudrehen.
- Lassen Sie sich vom Workflow mitreißen.
- Profitieren Sie von seinem Mut und seiner Agilität.
- Konkurrieren Sie nicht mit ihm.
- Schaffen Sie eine zielführende Kooperation auf Augenhöhe.

Satz des Nudelholzes

**»Ärmel hoch und los.«**

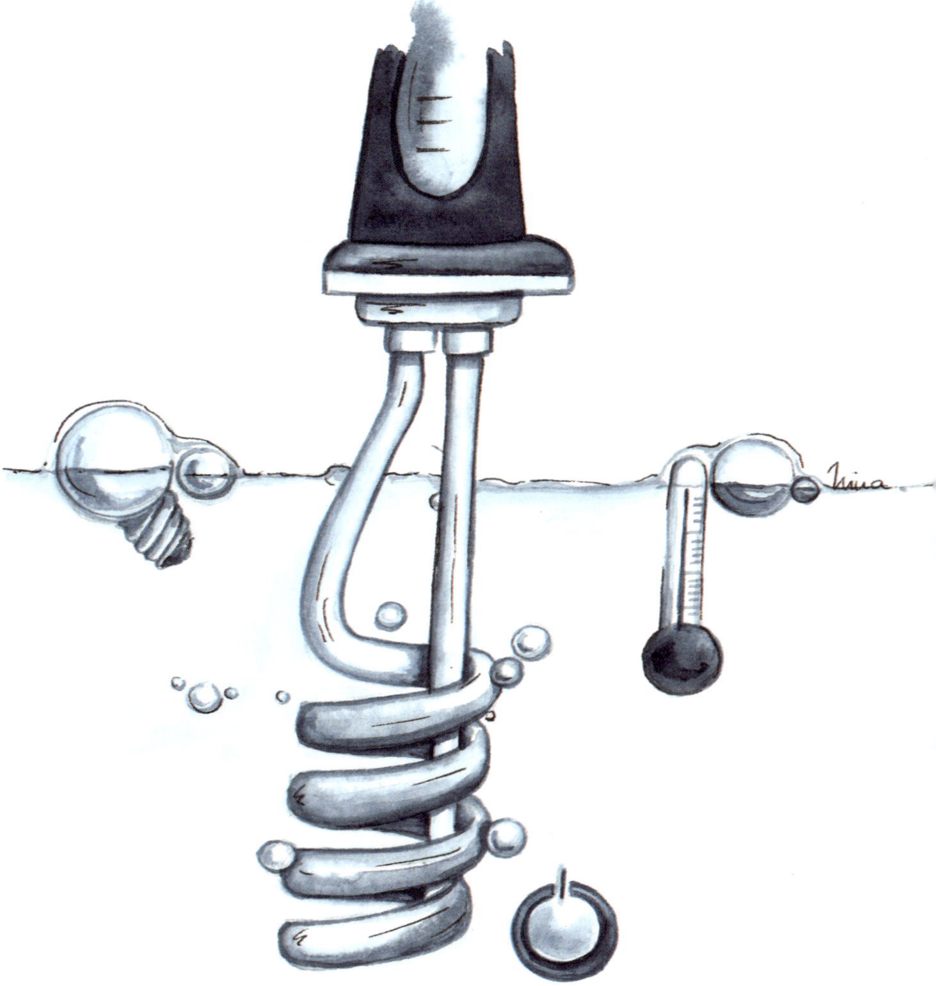

# Der Tauchsieder
# Der Energiegeladene

Manche Projekte halten sich nur lauwarm über Wasser und drohen sich bei weiterem Energieverlust einfach aufzulösen. Den beteiligten Köpfen fehlt es an Energie – und das lange bevor der Siedepunkt erreicht ist. Dann braucht es die leidenschaftliche Hitze des Tauchsieders, der den Sprung ins kalte Wasser genießt, um überfällige Projekte wieder auf Temperatur zu bringen und servierfertig zu machen.

**To-go-Rezept**

Dieser sich für jeden und alles erwärmende Energiespender heizt engagiert und entschlossen auch Kaltgewordenes wieder an.

# FÜR DEN HÜHNERSUPPENKOCH

Leidenschaftlich, engagiert und entschlossen erwärmt sich der Tauchsieder für jedes Thema. Oft ist er mit allen Wassern gewaschen und hat mehr als nur einen heißen Draht zu den unterschiedlichsten Bereichen. So liegt seine besondere Kraft im raschen Auffassen von Problemen, Erarbeiten von Lösungen und Kreieren von Visionen. Zudem verfügt er über einen Grad an Begeisterungsfähigkeit, der das gesamte Team für den gemeinsamen Erfolg anheizt.

Er versteht sich selber als Energiespender und hat in der Regel eine sehr kurze Leitung. Gerne hört er zu, hängt sich dann richtig rein und gibt schließlich seine Power direkt an den Zielort ab. Da er stets völlig eintaucht, ist der Tauchsieder überaus energieeffizient, und Projekte gewinnen in kürzester Zeit an Temperatur.

Nicht wenige unterschätzen die Energie und die Schnelligkeit eines Tauchsieders und verbrennen sich bei der achtlosen Prüfung der Temperatur die Finger. Mitunter steht er auch derart unter Strom, dass er nicht von allein abschalten kann. Mit seinem hitzigen Temperament bringt er dann die Küche auch schon mal zum Überkochen.

## Verhaltensempfehlung

Nutzen Sie die Leidenschaft, den Enthusiasmus und die Begeisterungsfähigkeit des Tauchsieders, um Projekte, in denen der Elan völlig verdampft ist, endlich zum Kochen zu bringen. Genießen Sie die Energie, die er auf Knopfdruck abstrahlt, und spüren Sie die belebende Wirkung, die er auf alle Beteiligten hat.

Behalten Sie dabei aber Ihre Hand am Temperaturregler und achten Sie mit kühlem Kopf darauf, dass die durch seine leidenschaftliche Hitze sprudelnden Lösungen nicht überkochen.

Machen Sie sich klar: Auch ein Tauchsieder kocht nur mit Wasser. Sie müssen nichts so heiß essen, wie er es Ihnen serviert. Ziehen Sie notfalls den Stecker, wenn Sie das Gefühl haben, er kocht ein Thema unnötig hoch.

Ein respektvoller, konstruktiver Umgang mit dem bisweilen etwas hitzigen Kollegen sorgt dafür, dass er sich bereitwillig einen Temperaturfühler und einen Überhitzungsschutz zulegt. So ausgestattet wird er ein willensstarker und energiegeladener Küchenprofi, der alle Potenziale nutzt, solange sie heiß sind.

**Übrigens:** In der Regel kühlt der Tauchsieder genauso schnell ab, wie er hochheizt.

# Für den Faktengarer

## Der Tauchsieder

- leidenschaftlich, engagiert, entschlossen
- erwärmt sich für jedes Thema
- liebt den Sprung ins kalte Wasser
- hat einen heißen Draht in unterschiedlichste Bereiche
- begeisterungsfähig
- versteht sich als Energiespender
- hört gut zu
- hängt sich rein
- energieeffizient
- willensstark und energiegeladen

## Verhaltensempfehlung

- Nutzen Sie seine Leidenschaft, Enthusiasmus und Begeisterungsfähigkeit.
- Behalten Sie die Hand am Temperaturregler.
- Achten Sie mit kühlem Kopf darauf, dass seine sprudelnden Lösungen nicht überkochen.
- Ziehen Sie notfalls den Stecker, wenn er ein Thema unnötig hochkocht.
- Begegnen Sie ihm respektvoll und konstruktiv, sodass sein Temperaturfühler und Überhitzungsschutz punktgenau zum Einsatz kommen.

Satz des Tauchsieders

**»Achtung – jetzt wird's heiß.«**

# Der Pfannenwender
# Der Analytiker

Ähnlich wie bei einem Schnitzel hat auch jedes Projekt mindestens zwei Seiten, die gleichermaßen aufmerksam betrachtet, abgeklopft und auf den Punkt zubereitet werden wollen. So braucht es einen Pfannenwender, der in jeder noch so heißen Phase durch sorgfältiges Drehen und Wenden dafür sorgt, dass kein Aspekt anbrennt.

**To-go-Rezept**

Dieser zurückhaltende Beobachter, der sachlich und analytisch jeden Betrachtungswinkel kennt, sorgt mit seiner fundierten Kritik für das bestmögliche Ergebnis.

# Für den Hühnersuppenkoch

Dieser sorgfältige Analytiker kennt garantiert jede Seite des Projekts, denn er lässt nichts auf sich bewenden, bevor er nicht alle Facetten genau betrachtet hat.

Seine große Wendefläche ermöglicht es dem Pfannenwender, Themen geschickt und sicher ins heiße Fett zu heben. Bei Bedarf sorgt er durch flachen Druck dafür, dass sie die gewünschte Bodenhaftung bekommen.

Mehrmals und in jeder Phase befeuert der Pfannenwender das Projekt von allen Seiten mit kritischen Fragen, bis es schließlich knusprig und saftig zugleich aus der Pfanne gehoben und auf die Teller verteilt werden kann.

Dabei geht der zurückhaltende Skeptiker wenig entscheidungsfreudig vor. Jede Faser des Themas wird bis auf die Knochen betrachtet. Manchmal dreht sich der Pfannenwender dabei derart im Kreis, dass er sich beim Beziehen einer klaren Position selbst im Weg steht.

So wird er oft als Entwicklungsbremse wahrgenommen, die zwischen Verunsicherung einerseits und Irritation andererseits nicht viel auf der Pfanne zu haben scheint. Jedoch nur so lange, bis man erkennt, dass dieses Vorgehen notwendig ist, um zu einem alle Aspekte miteinbeziehenden Ergebnis zu kommen.

## Verhaltensempfehlung

Seien Sie sich darüber im Klaren, dass der sachliche Pfannenwender alle möglichen Aspekte in Betracht zieht und sich danach lediglich auf eine Tendenz festlegen kann. Voreilige Schlussfolgerungen oder gar bloßen Aktionismus lehnt er ab. Deshalb erfordert die Zusammenarbeit mit einem Pfannenwender Zeit und Geduld.

Sie wenden die Kooperation mit ihm zum Guten, wenn Sie ihn von vornherein in die Herausforderung mit einbeziehen. Kredenzen Sie ihm Daten und Fakten, holen Sie ihn aus seiner »Ja, aber …«-Komfortzone und nehmen Sie ihn ausdrücklich mit in die Entscheidungsverantwortung.

Lassen Sie den Pfannenwender dabei aber nicht im eigenen Fett schmoren. Bleiben Sie unbedingt im Dialog und versäumen Sie nicht, eine großzügige Portion Ihrer Entschlusskraft dazuzugeben, denn damit gleichen Sie seine Skepsis gekonnt aus.

Wenden Sie sich immer an ihn, wenn Sie vor einer Entscheidung alle Argumente und Betrachtungswinkel in die Waagschale legen wollen. Wertschätzen Sie seine analytische Sorgfalt und seine fundierte Kritik, die Sie strategisch nutzen, um zum bestmöglichen Ergebnis zu kommen.

**Übrigens:** Eine gesunde Dosis Pfannenwender-Zweifel bremst blinde Euphorie, initiiert wertvolle Diskussionen und verhindert somit Fehler.

# FÜR DEN FAKTENGARER

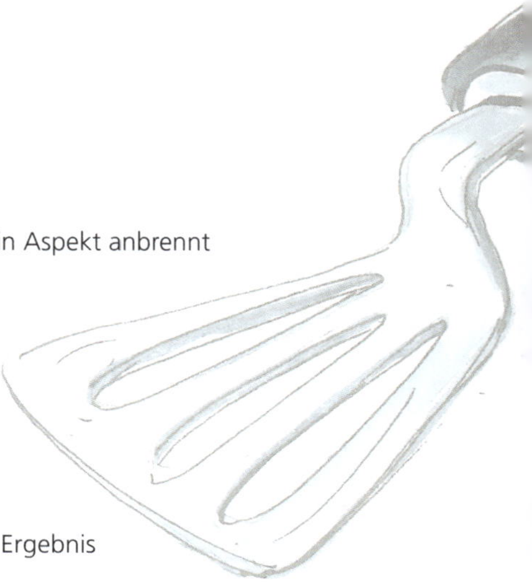

## Der Pfannenwender

- sorgfältig
- sachlicher Beobachter
- kennt jeden Betrachtungswinkel
- sorgt durch Drehen und Wenden dafür, dass kein Aspekt anbrennt
- gibt durch flachen Druck Bodenhaftung
- zurückhaltender Skeptiker
- analytischer Kritiker
- wenig entscheidungsfreudig
- legt sich auf eine Tendenz fest
- führt zu einem alle Aspekte miteinbeziehenden Ergebnis

## Verhaltensempfehlung

- Haben Sie Geduld.
- Beziehen Sie ihn von vornherein in die Herausforderung mit ein.
- Kredenzen Sie ihm Daten und Fakten.
- Holen Sie ihn aus seiner »Ja, aber ...«-Komfortzone.
- Nehmen Sie ihn ausdrücklich mit in die Entscheidungsverantwortung.
- Lassen Sie ihn nicht im eigenen Fett schmoren.
- Geben Sie eine großzügige Portion Ihrer Entschlussfähigkeit dazu.
- Gleichen Sie seine Skepsis aus.
- Wenden Sie sich an ihn, wenn Sie alle Argumente in die Waagschale legen wollen.
- Wertschätzen Sie seine analytische Sorgfalt und seine fundierte Kritik.

Satz des Pfannenwenders

**»JA, ABER ...«**

# DIE TYPEN-ESSENZEN

Sich selbst und alle seine persönlichen und individuellen Noten herauszuschmecken, ist spannend. Vorausgesetzt, man geht möglichst unvoreingenommen an sich heran – was zugegeben nicht immer ganz einfach ist.

Oft verhindern Glaubenssätze, eingefahrene Strukturen, die Angst, die Komfortzone zu verlassen, und ein mangelndes Selbstwertgefühl, dass wir unser gesamtes Potenzial ausschöpfen.

Dieses Workbook gibt Ihnen die Möglichkeit, sich noch einmal neu zu entdecken. Sicher haben Sie sich noch nie mit einem Kücheninstrument verglichen und sind erstaunt, welche neuen Perspektiven daraus entstehen. Der folgende Test bietet Ihnen anhand der Küchengeräte-Typologie die Gelegenheit, herauszufinden, welcher Typ Sie sind. Hierfür haben wir deren Essenzen noch einmal für Sie herausgefiltert.

Kreuzen Sie auf den nächsten Seiten die Eigenschaften an, bei denen Sie sagen können: »Ja, das bin ich.« Im Anschluss an den Ankreuztest kreieren Sie Ihr individuelles Persönlichkeitsrezept.

### Der menschenorientierte Hühnersuppenkoch

Ein eher empathischer, extrovertierter, hilfsbereiter, geselliger, kommunikativer, teamorientierter, kreativer Bauch-Mensch, der ausgleichend, homogenisierend, begeisternd, mitreißend will, dass es allen gut geht, jeder seine Portion abbekommt und sich wohlfühlt.

### Der sachorientierte Faktengarer

Ein eher introvertierter, perfektionistischer, durchsetzungsstarker, analytischer, entschlossener, ziel- und aufgabenorientierter Kopf-Mensch, der oftmals kritisch ist – auch sich selbst gegenüber –, einen hohen Anspruch an sich und andere stellt und Zahlen, Daten, Fakten schätzt.

# Wem ähneln Sie am meisten?

## Der menschenorientierte Hühnersuppenkoch

### 1. Der Kochlöffel – Der Motivator

#### To-go-Rezept

Dieser stets griffbereite Teamplayer serviert völlig uneigennützig die Tagesration an Begeisterung, Motivation und Spaß an der Arbeit.

#### Charaktereigenschaften

- stets griffbereit zur Stelle – auch in Brennpunkten ☐
- empathisch und verständnisvoll ☐
- bringt das Team zusammen ☐
- hebt unter, streicht glatt, rührt Hochkochendes herunter ☐
- verhindert Klümpchenbildung, indem er zwischen allen vermittelt ☐
- motivierend und optimistisch ☐
- loyaler, gutgelaunter Stimmungsmacher und Teamplayer ☐
- sorgt für ein motivierendes, positives Küchenklima ☐
- mitreißend und begeisterungsfähig ☐
- liebt Friede-Freude-Eierkuchen ☐

#### Typischer Satz

»Wer die Suppe versalzen hat, ist doch jetzt egal – wir löffeln sie gemeinsam aus. Wir packen das!«

## 2. Die Schöpfkelle – Die Fürsorgliche

### To-go-Rezept

Dieser unerschöpfliche Spezialist fischt die besten Stücke heraus und verteilt sie gerecht, sodass keiner vor einem leeren Teller sitzt.

### Charaktereigenschaften

- verfügt über einen ausgeprägten Gerechtigkeitssinn ☐
- schätzt Kompetenzen, Fähigkeiten und Kapazitäten sicher ein ☐
- sorgt unerschöpflich dafür, dass alle ihre Portion bekommen ☐
- kommunikativ, empathisch und sozial talentiert ☐
- erweist sich als gute Beobachterin ☐
- portioniert, strukturiert, teilt ein ☐
- bewirtet alle mit ihrer sozialen Kompetenz ☐
- über- oder unterfordert niemanden ☐
- verteilt Mut, Kraft und Optimismus ☐
- toleriert keinen Futterneid oder Konkurrenzverhalten ☐

### Typischer Satz

»Es ist genug für alle da.«

## 3. Der Schneebesen – Der Kreative

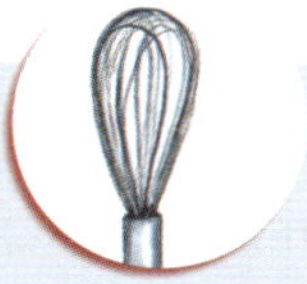

### To-go-Rezept

Dieser kreative Wirbelwind verpasst schwer Verdaulichem eine ideenreiche und luftig-leichte Baiser-Haube.

### Charaktereigenschaften

- schwungvoller und kreativer Wirbelwind ☐
- gibt Projekten mit pfiffigen Einfällen eine wohlschmeckende Leichtigkeit ☐
- lässt Projekte wieder atmen ☐
- gibt Volumen für neue Ideen ☐
- gilt als Maître der Selbstvermarktung ☐
- präsentiert souverän und charmant ☐
- hungrig nach Aufmerksamkeit und Lob ☐
- rührt in allen Töpfen und gibt gerne seinen Senf dazu ☐
- setzt mit seinem überschäumenden Optimismus wichtige Impulse ☐
- macht aus schweren Brocken leichte Kost ☐

### Typischer Satz

»Lasst mich mal ran, das wird euch begeistern.«

## 4. Der Schnellkochtopf – Der Tempomacher

### To-go-Rezept

Dieser heiße Turbo-Kollege bringt in kürzester Zeit und mit beinahe überkochender Leidenschaft Blitzprojekte auf den Tisch.

### Charaktereigenschaften

- leistungsstarker Turbo-Kollege ☐
- garantiert kürzeste Projekt-Garzeiten ☐
- Meister des Zeitmanagements ☐
- schont die ihm anvertrauten Inhalte ☐
- leidenschaftlich und emotional ☐
- äußerlich dickwandig und schwer ☐
- impulsiv, aber nicht explosiv ☐
- authentisch und herzlich ☐
- engagiert ☐
- multitaskingfähig ☐

### Typischer Satz

»In der Kürze liegt die Würze.«

## 5. Die Teflonpfanne – Die Aufmerksame

### To-go-Rezept

Diese geschickte Taktikerin schwenkt diffizile Projekte garantiert ohne Ansetzen in die richtige Richtung.

### Charaktereigenschaften

- empathisch, feinfühlig, empfindlich, sensibel ☐
- gart nur bei mäßiger Hitze ☐
- lässt nichts anbrennen ☐
- hervorragende Beobachterin ☐
- differenzierte Sinneswahrnehmung ☐
- aufmerksam ☐
- nimmt Gelegenheiten und Gefahren früh wahr ☐
- schwenkt Projekte geschickt und besonnen in die gewünschte Richtung ☐
- Akribie, perfektes Timing, Intuition ☐
- gefühlvoll, elegant, professionell ☐

### Typischer Satz

»Ich weiß, wie wir das gebacken kriegen.«

## 6. Der Slow Cooker – Der Warmherzige

### To-go-Rezept

Dieser harmonieliebende Projekterwärmer verhilft langsam, aber sicher allen Komponenten zur vollen Entfaltung.

### Charaktereigenschaften

- bleibt zuverlässig unter dem Siedepunkt ☐
- brodelt nicht, kocht nicht über, niemand verbrennt sich ☐
- zurückhaltender Harmonieverbreiter ☐
- gibt gleichmäßige menschliche Wärme ab ☐
- lässt Projekte schonend gar ziehen ☐
- verhilft allen Komponenten zur vollen Entfaltung ☐
- schmort gern im eigenen Saft ☐
- energieeffizient ☐
- selbstständig ☐
- liefert ausgekochte, hochkonzentrierte Lösungen ☐

### Typischer Satz

»Gut Ding braucht Weile.«

# 7. Das Küchensieb – Der Ordnende

## To-go-Rezept

Dieser feinfühlige Sortierer sorgt für sachliche und emotionale Trennschärfe und ermöglicht damit separate Lösungswege.

## Charaktereigenschaften

- zurückhaltend, verständnisvoll, unparteiisch, neutral ☐
- hängt sich in sachliche und emotionale Gemengelage ☐
- gießt empathisch Überflüssiges ab ☐
- fängt die Auslese auf ☐
- filtert Trüb- oder Schwebstoffe aus Projekten und Beziehungen ☐
- erzielt einen klaren, rückstandsfreien Fond ☐
- schafft Übersicht und Klarheit ☐
- sorgt für sachliche und emotionale Trennschärfe ☐
- kann unterscheidende Bereiche homogen verbinden ☐
- will allen Seiten Raum geben und gerecht werden ☐

## Typischer Satz

»Jeder in sein Töpfchen.«

## 1. Der Sparschäler – Der Effiziente

### To-go-Rezept

Dieser Wächter der Effizienz entfernt beharrlich und systematisch Überflüssiges und sorgt für eine stimmige Bilanz.

### Charaktereigenschaften

- Wächter der Effizienz ☐
- analytisch, systematisch, beharrlich und fleißig ☐
- passt die Schältiefe dem Aufgabenprofil an ☐
- entfernt Überflüssiges und führt es anderen Projekten zu ☐
- lässt sich nicht ablenken oder beeinflussen ☐
- nutzt auch Reste ökonomisch ☐
- verantwortungsbewusst, neutral, gerecht ☐
- arbeitet mit dosiertem Druck, gekonnter Schnittführung und ständigen Qualitätskontrollen ☐
- setzt konsequent »So viel wie nötig« und »So wenig wie möglich« um ☐
- sorgt für eine stimmige Bilanz ☐

### Typischer Satz

»Da können wir noch was einsparen.«

## 2. Der Eierpikser – Der Scharfsinnige

### To-go-Rezept

Dieser gewissenhafte Profi unterstützt Sie durch seinen gestochen scharfen Verstand beim Ausbrüten perfekt durchdachter Ideen.

### Charaktereigenschaften

- gestochen scharfer und analytischer Verstand ☐
- setzt kritisch und gekonnt seine Spitze ☐
- lässt heiße Luft raus ☐
- verhindert frühzeitig, dass Projekte platzen ☐
- bringt Sollbruchstellen und Verbesserungspotenziale ans Licht ☐
- strebt nach der bestmöglichen Lösung ☐
- behandelt Menschen nicht gerade wie rohe Eier ☐
- haut niemanden in die Pfanne ☐
- hoher Anspruch an Fairness und Moral ☐
- vermittelt das Gefühl, an alles gedacht zu haben ☐

### Typischer Satz

»Das ist jetzt irrelevant – Fakten bitte!«

# 3. Der Nussknacker – Der Problemlöser

## To-go-Rezept

Dieser durchsetzungsstarke Stratege löst unter dem Motto »Knacken, nicht kleckern« jede Aufgabe ohne großen Kraftaufwand und bleibt dabei stets hungrig auf Probleme.

## Charaktereigenschaften

- beißt sich bis zur Lösung durch ☐
- nüchterner, wortkarger, genialer Stratege ☐
- sucht den kürzesten Weg zum Kern ☐
- ruhig, strukturiert, verantwortungsbewusst ☐
- verzieht sich gerne in seine Nussecke ☐
- überwindet mühelos Widerstände ☐
- sprengt auch härteste Strukturen ☐
- schafft genial einfache und dadurch umso effektivere Lösungen ☐
- zeigt gegenüber Problemstellungen die Zähne ☐
- nimmt niemals Kollegen in die Zange oder verteilt Kopfnüsse ☐

## Typischer Satz

»Problem gelöst.«

# 4. Der Messlöffel – Der Genaue

## To-go-Rezept

Dieser unverzichtbare Experte mit Tiefgang sollte trotz seiner zurückhaltenden Art stets für das Maß aller Dinge herangezogen werden.

## Charaktereigenschaften

- zurückhaltend, präzise und geduldig ☐
- wägt alle Konsequenzen genau ab ☐
- achtet auf die exakte Dosierung aller Rahmenbedingungen ☐
- hat einen hohen Maßstab an reproduzierbarer Qualität ☐
- analytischer Rezeptsammler ☐
- dokumentiert, protokolliert, evaluiert ☐
- verzichtet auf Ermessensspielräume ☐
- dosiert sich selbst eher »unter« ☐
- setzt sich ein, wenn es wirklich wichtig ist, das richtige Maß zu finden ☐
- verhält sich nie anmaßend oder vermessen ☐

## Typischer Satz

»Haben wir wirklich alle Eventualitäten abgewogen?«

## 5. Das Nudelholz – Der Macher

### To-go-Rezept

Dieser effiziente Powerkollege hat den Mut, außergewöhnliche Lösungswege zu gehen, um einen Projektstrudel der Meisterklasse zuzubereiten.

### Charaktereigenschaften

- effizienter, mutiger Powerkollege ☐
- durchsetzungsstark, dynamisch, energiegeladen ☐
- steht schnell im Mittelpunkt ☐
- aufgabenorientiert und effizient ☐
- sucht den kürzesten Weg zum perfekt ausgerollten Ergebnis ☐
- spontan, kreativ, risikobereit ☐
- probiert auch unkonventionelle Lösungswege aus ☐
- genießt es, wenn es so richtig rundgeht ☐
- bringt Prozesse ins Rollen ☐
- selbstbewusst und unabhängig ☐

### Typischer Satz

»Ärmel hoch und los.«

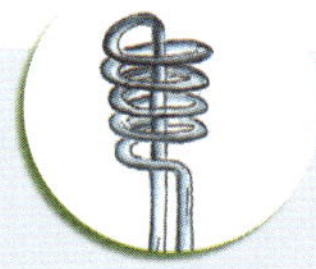

## 6. Der Tauchsieder – Der Energiegeladene

### To-go-Rezept

Dieser sich für jeden und alles erwärmende Energiespender heizt engagiert und entschlossen auch Kaltgewordenes wieder an.

### Charaktereigenschaften

- leidenschaftlich, engagiert, entschlossen ☐
- erwärmt sich für jedes Thema ☐
- liebt den Sprung ins kalte Wasser ☐
- hat einen heißen Draht in unterschiedlichste Bereiche ☐
- begeisterungsfähig ☐
- versteht sich als Energiespender ☐
- hört gut zu ☐
- hängt sich rein ☐
- energieeffizient ☐
- willensstark und energiegeladen ☐

### Typischer Satz

»Achtung – jetzt wird's heiß.«

## 7. Der Pfannenwender – Der Analytiker

### To-go-Rezept

Dieser zurückhaltende Beobachter, der sachlich und analytisch jeden Betrachtungswinkel kennt, sorgt mit seiner fundierten Kritik für das bestmögliche Ergebnis.

### Charaktereigenschaften

- sorgfältig
- sachlicher Beobachter
- kennt jeden Betrachtungswinkel
- sorgt durch Drehen und Wenden dafür, dass kein Aspekt anbrennt
- gibt durch flachen Druck Bodenhaftung
- zurückhaltender Skeptiker
- analytischer Kritiker
- wenig entscheidungsfreudig
- legt sich auf eine Tendenz fest
- führt zu einem alle Aspekte miteinbeziehenden Ergebnis

### Typischer Satz

»Ja, aber …«

# Auswertung

**Welche Eigenschaften der Küchengeräte treffen auf Sie zu?**

Tragen Sie hier die Anzahl der Kreuze ein, die Sie bei den Kurzbeschreibungen gesetzt haben:

**Die Hühnersuppenköche**

| | | |
|---|---|---|
|  | Der Kochlöffel | |
|  | Die Schöpfkelle | |
|  | Der Schneebesen | |
|  | Der Schnellkochtopf | |
|  | Die Teflonpfanne | |
|  | Der Slow Cooker | |
|  | Das Küchensieb | |

**Die Faktengarer**

| | | |
|---|---|---|
|  | Der Sparschäler | |
|  | Der Eierpikser | |
|  | Der Nussknacker | |
|  | Der Messlöffel | |
|  | Das Nudelholz | |
|  | Der Tauchsieder | |
|  | Der Pfannenwender | |

An welchen Typen haben Sie die höchste Anzahl an Kreuzen vergeben?

________________________________________

Welche beiden Typen haben die zweit- und dritthöchste Anzahl an Kreuzen?

________________________________________

________________________________________

**Das ist mein Ergebnis:**

Ich entspreche am meisten:

________________________________________

Anzahl der Kreuze: __________________________

Diese beiden Typen runden mein Persönlichkeitsrezept ab:

________________________________________

Anzahl der Kreuze: __________________________

________________________________________

Anzahl der Kreuze: __________________________

# Ihr Persönlichkeitsrezept

Machen Sie Ihre Eigenschaften sichtbar! Füllen Sie dazu die Grafik auf der folgenden Seite aus. Das hier vorgestellte Beispiel soll Ihnen dabei helfen.

## Unser Beispiel

Stellen Sie sich vor, Sie haben bei den Küchengerätetypen folgende Kreuze eingetragen:

**Diesem Typ entsprechen Sie am meisten:** 9 Kreuze beim Kochlöffel

**Das sind die Typen, die Ihr Persönlichkeitsrezept abrunden:**
3 Kreuze bei der Schöpfkelle, 1 Kreuz beim Messlöffel

Die Grafik stellt den Blick in Ihren Persönlichkeitstopf dar. Er ist in 14 Sektoren unterteilt. Diese entsprechen den 14 Typen und sind durch die Illustration am Topfrand zugeordnet. Jeder Sektor besteht von innen nach außen aus 10 Flächen.

Suchen Sie sich zunächst den Sektor des Typen, dem Sie am meisten entsprechen. Füllen Sie jetzt von innen nach außen genauso viele Flächen des Sektors farbig aus, wie Sie Kreuze an diesen Typen vergeben haben.

In unserem Beispiel sind das 9 Flächen für den Kochlöffel.

Verfahren Sie ebenso mit den zwei Typen, die Ihr Persönlichkeitsrezept abrunden. Unserem Beispiel entsprechen 3 Flächen für die Schöpfkelle und 1 für den Messlöffel.

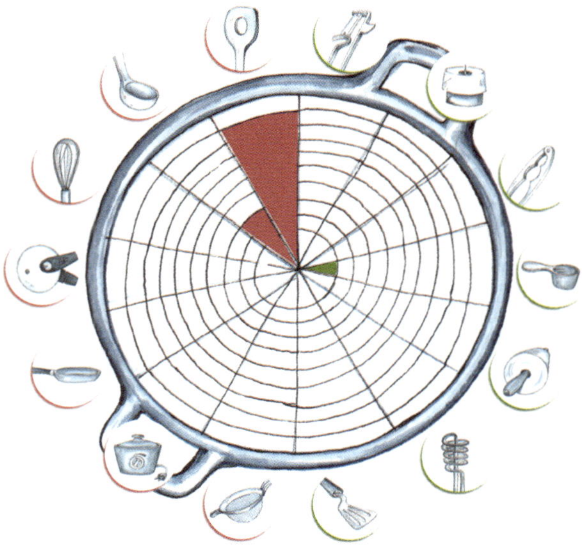

# Der Blick in Ihren Persönlichkeitstopf

**Jetzt ist der Moment, Ihre persönlichen Eigenschaften sichtbar zu machen. Füllen Sie die Grafik auf der rechten Seite farbig aus.**

Anzahl der Kreuze = zu füllender Flächen ________________

bei Küchengerät ____________________________________

Anzahl der Kreuze = zu füllender Flächen ________________

bei Küchengerät ____________________________________

Anzahl der Kreuze = zu füllender Flächen ________________

bei Küchengerät ____________________________________

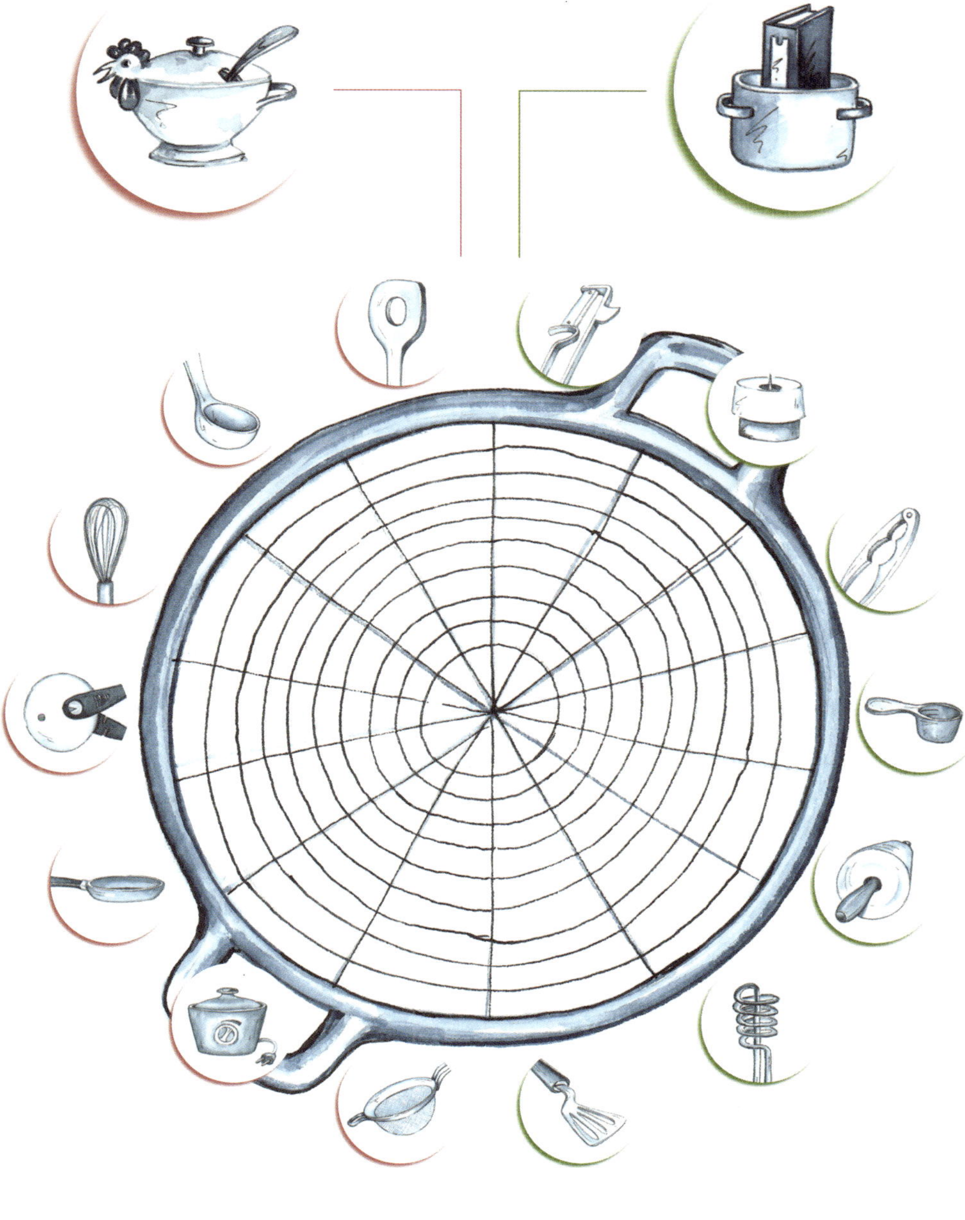

# Ihr Markenkern in 5 Schritten

**Das bin ich in einem Satz. In einem Satz? Das geht doch nicht, oder? Doch, das geht!**

Sie können ihn jetzt ganz schnell selbst in 5 Schritten zubereiten. Dazu brauchen Sie nur wenige Zutaten. Folgen Sie jetzt diesem Rezept:

### 1. Schritt:

Übertragen Sie zunächst hier noch einmal Ihr Persönlichkeitsrezept in die Grafik.

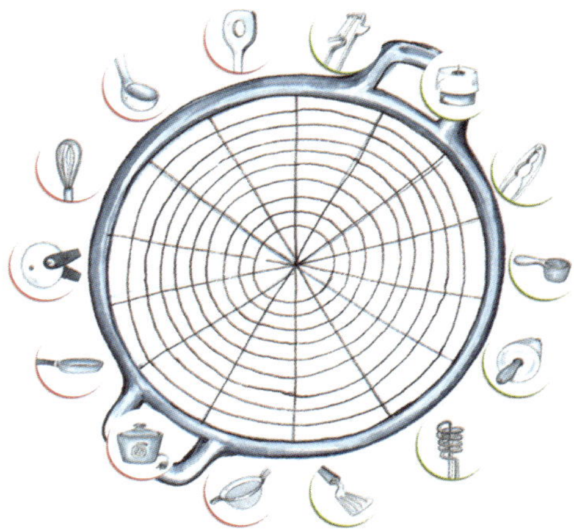

### 2. Schritt:

Wählen Sie aus, bei wem Sie die meisten Kreuze gemacht haben. Mehrfachnennungen sind möglich:

**Hühnersuppenköche**

- ☐ Der Motivator / Kochlöffel
- ☐ Die Fürsorgliche / Schöpfkelle
- ☐ Der Kreative / Schneebesen
- ☐ Der Tempomacher / Schnellkochtopf
- ☐ Die Aufmerksame / Teflonpfanne
- ☐ Der Warmherzige / Slow Cooker
- ☐ Der Ordnende / Das Küchensieb

**Faktengarer**

- ☐ Der Effiziente / Sparschäler
- ☐ Der Scharfsinnige / Eierpikser
- ☐ Der Problemlöser / Nussknacker
- ☐ Der Genaue / Messlöffel
- ☐ Der Macher / Das Nudelholz
- ☐ Der Energiegeladene / Tauchsieder
- ☐ Der Analytiker / Pfannenwender

Ich bin ein/e ____________________________________________

Beispiel: Ich bin ein Problemlöser. Oder: Ich bin ein Problemlöser und ein Macher.

### 3. Schritt:

Schauen Sie sich jetzt die Charaktereigenschaften der Typen an, bei denen Sie die meisten Kreuze gemacht haben, suchen Sie die für Sie passenden Adjektive raus und übertragen Sie sie hier:

________________________________________________________

________________________________________________________

Beispiel: ruhig, strukturiert, verantwortungsbewusst, durchsetzungsstark, risikobereit, energiegeladen …

### 4. Schritt:

Wählen Sie nun bei den Charaktereigenschaften der Typen, bei denen Sie die meisten Kreuze gemacht haben, die für Sie passendsten Formulierungen aus der Beschreibung für den Hühnersuppenkoch und übertragen Sie sie hier:

________________________________________________________

________________________________________________________

Beispiel: Findet den richtigen Hebel für den optimalen Knackpunkt, sprengt auch härteste Strukturen, überwindet mühelos Widerstände, arbeitet aufgabenorientiert und effizient, agiert selbstbewusst und unabhängig, probiert auch unkonventionelle Lösungswege aus …

### 5. Schritt:

Jetzt bauen Sie alle Ergebnisse aus den vorherigen Schritten zusammen und heraus kommt mit einem großen Tusch:

## Mein Markenkern

Ich bin __________________________________________________

________________________________________________________

Beispiel: Ich bin ein Problemlöser und Macher, der mühelos Widerstände überwindet, aufgabenbezogen und effizient arbeitet, selbstbewusst und unabhängig agiert und gerne auch unkonventionelle Lösungswege ausprobiert.

# Selbstbild und Fremdbild – geschmackvoll kombiniert

## Lust auf »Selbstbild – Fremdbild«? Dann nichts wie los!

Sie wissen jetzt, ob Sie eher Hühnersuppenkoch oder Faktengarer sind, welche Küchengeräte am ehesten zu Ihnen passen, und haben Ihren Markenkern formuliert.

Blicken Sie jetzt über den Tellerrand hinaus. Versetzen Sie sich in Ihr Gegenüber und schätzen Sie ein, wie Sie von Ihren Kollegen, Ihrem Chef, Ihren Freunden wahrgenommen werden.

Wir haben dazu einen Fragebogen entwickelt, den sowohl Sie als auch Ihre Feedbackgeber ausfüllen können.

Folgen Sie dabei dem Pfad A im Fragebogen (Selbstbild).

Dann geht es raus aus der Vermutung und hinein in die Gewissheit. Stimmt das, was Sie glauben, auch mit dem überein, wie die anderen Sie wahrnehmen?

Finden Sie es heraus. Lassen Sie sich als Feedbacknehmer Ihre Spezialitäten von den Menschen präsentieren, von denen Sie sich das Feedback wünschen.

Feedbackgeber folgen dem Pfad B im Fragebogen (Fremdbild).

## Und so funktioniert's:

Entscheiden Sie sich für die Lang- oder für die Kurzversion des Fragebogens.

Kopieren Sie die entsprechenden Seiten: Pfad A für sich, Pfad B für Ihren Feedbackgeber.

Überreichen Sie die Seiten mit Pfad B dem jeweiligen Feedbackgeber und freuen sich auf die Antworten und den Abgleich. Viele Übereinstimmungen? Oder auch weiße Flecken? In jedem Fall – aufschlussreich.

Viel Spass!

# Langversion: Fragebogen »Selbstbild – Fremdbild«

## Pfad A: Ihr Selbstbild (1)

Sie tragen ein:

1. So sieht mich mein Feedbackgeber (Name von Kollege/Chef/Freund/ ... _______ ):

Nehmen Sie einen Stift (gerne auch Buntstifte) und verbinden Sie sich mit den entsprechenden Begriffen (Mehrfachnennungen sind möglich).

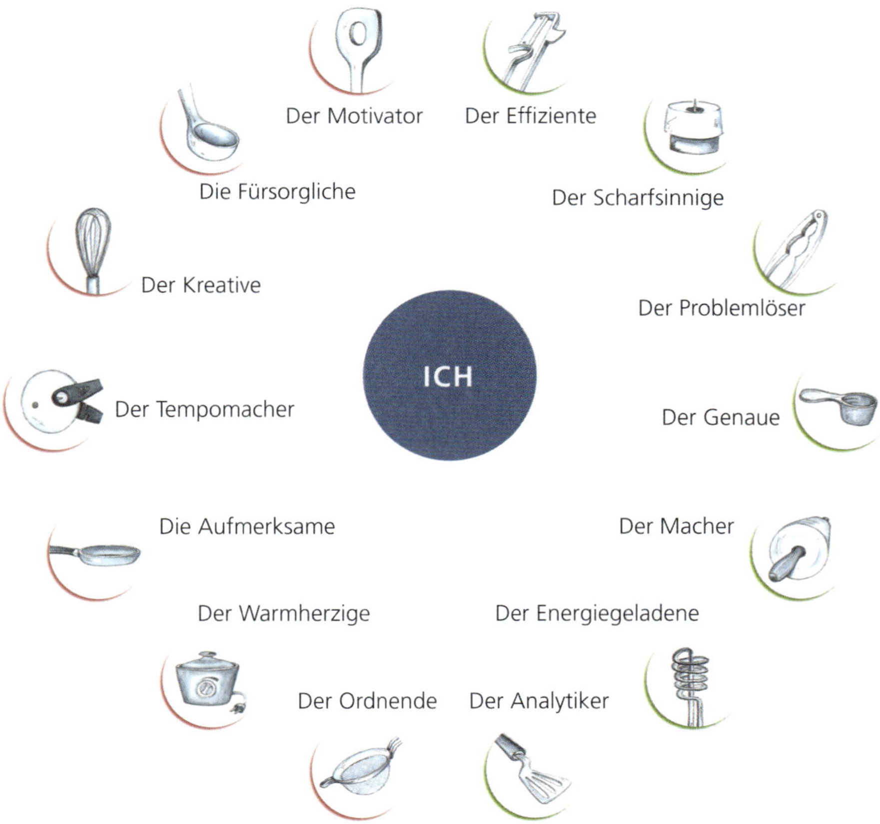

## Pfad B: Ihr Fremdbild (1)

Der Feedbackgeber trägt ein:

1. So sehe ich (Name: ______________________________) den Feedbacknehmer:

Nehmen Sie einen Stift (gerne auch Buntstifte) und verbinden Sie den Feedbacknehmer mit den entsprechenden Begriffen (Mehrfachnennungen sind möglich).

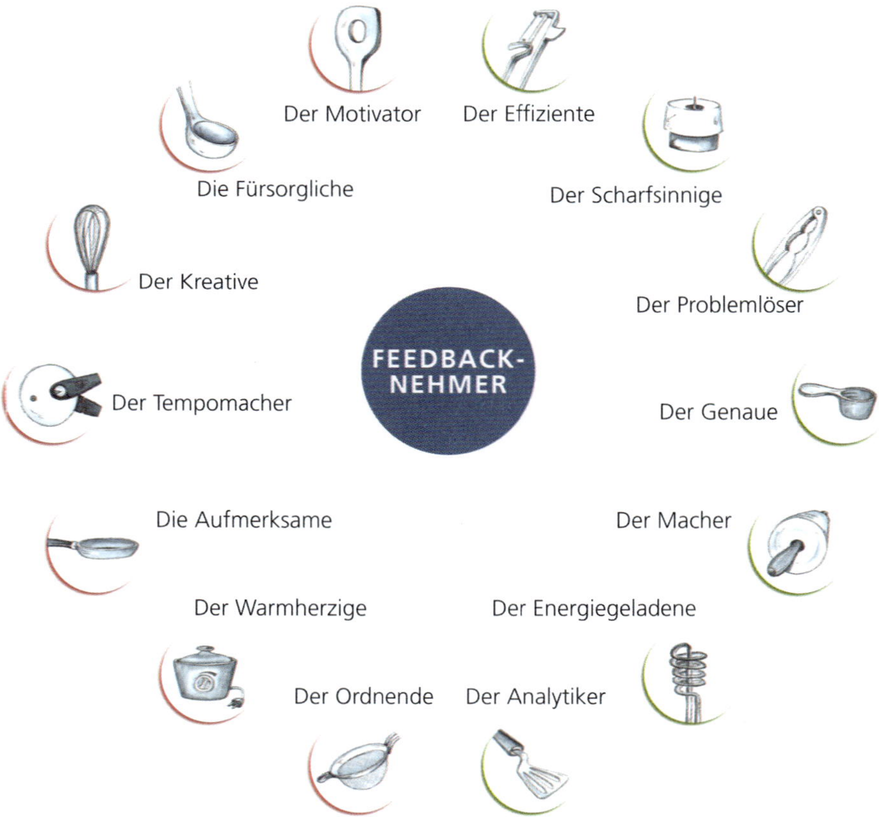

## Pfad A: Ihr Selbstbild (2)

Sie tragen ein:

2. Diese Eigenschaften schätzt der Feedbackgeber an mir (bitte ankreuzen):

| | | |
|---|---|---|
| ☐ analytisch | ☐ kommunikativ | ☐ scharfsinnig |
| ☐ begeisternd | ☐ kritisch | ☐ sensibel |
| ☐ begeisterungsfähig | ☐ leidenschaftlich | ☐ souverän |
| ☐ durchsetzungsstark | ☐ motiviert | ☐ strategisch |
| ☐ empathisch | ☐ mutig | ☐ teamorientiert |
| ☐ fürsorglich | ☐ perfektionistisch | ☐ temperamentvoll |
| ☐ gewissenhaft | ☐ präzise | ☐ warmherzig |
| ☐ harmonieliebend | ☐ risikobereit | ☐ zuverlässig |
| ☐ impulsiv | ☐ ruhig | ☐ willensstark |
| ☐ intuitiv | ☐ sachlich | ☐ zielorientiert |

3. Diese Fähigkeiten und Kompetenzen schätzt der Feedbackgeber an mir:

4. So beschreibt mich der Feedbackgeber in einem Satz:

Ich bin:

## Pfad B: Ihr Fremdbild (2)

Der Feedbackgeber trägt ein:

2. Diese Eigenschaften schätze ich am Feedbacknehmer (bitte ankreuzen):

| | | |
|---|---|---|
| ☐ analytisch | ☐ kommunikativ | ☐ scharfsinnig |
| ☐ begeisternd | ☐ kritisch | ☐ sensibel |
| ☐ begeisterungsfähig | ☐ leidenschaftlich | ☐ souverän |
| ☐ durchsetzungsstark | ☐ motiviert | ☐ strategisch |
| ☐ empathisch | ☐ mutig | ☐ teamorientiert |
| ☐ fürsorglich | ☐ perfektionistisch | ☐ temperamentvoll |
| ☐ gewissenhaft | ☐ präzise | ☐ warmherzig |
| ☐ harmonieliebend | ☐ risikobereit | ☐ zuverlässig |
| ☐ impulsiv | ☐ ruhig | ☐ willensstark |
| ☐ intuitiv | ☐ sachlich | ☐ zielorientiert |

3. Diese Fähigkeiten und Kompetenzen schätze ich am Feedbacknehmer:

4. So beschreibe ich den Feedbacknehmer in einem Satz:

Er/Sie ist:

VIELEN DANK FÜR IHRE ZEIT UND IHR WERTVOLLES FEEDBACK!

# Kurzversion: Fragebogen »Selbstbild – Fremdbild«

**Pfad A: Ihr Selbstbild**

Sie tragen ein:

1. So beschreibt mich mein Feedbackgeber in einem Wort:

____________________________________________

2. Mit diesen fünf Adjektiven beschreibt mich mein Feedbackgeber:

   1. ________________________________________
   2. ________________________________________
   3. ________________________________________
   4. ________________________________________
   5. ________________________________________

3. Mit diesen drei Sätzen drückt mein Feedbackgeber aus, was er ganz besonders an mir schätzt (Fähigkeiten, Kompetenzen):

1. Satz:

__________________________________________________________

__________________________________________________________

__________________________________________________________

2. Satz:

3. Satz:

4. Zusammengefasst in einem Satz sehe ich den Feedbacknehmer so:

Ich bin ein/eine:

## Pfad B: Ihr Fremdbild

Der Feedbackgeber trägt ein:

1. So beschreibe ich (Name: ______________________) den Feedbacknehmer in einem Wort:

______________________________________

2. Mit diesen fünf Adjektiven beschreibe ich den Feedbacknehmer:

   1. ______________________________
   2. ______________________________
   3. ______________________________
   4. ______________________________
   5. ______________________________

3. Mit diesen drei Sätzen drücke ich aus, was ich ganz besonders an dem Feedbacknehmer schätze (Fähigkeiten, Kompetenzen):

1. Satz:

______________________________________________

______________________________________________

______________________________________________

2. Satz:

______________________________________________

______________________________________________

______________________________________________

3. Satz:

______________________________________________

______________________________________________

______________________________________________

4. Zusammengefasst in einem Satz sieht mich mein Feedbackgeber so:

Er/Sie ist ein/eine:

______________________________________________

______________________________________________

______________________________________________

VIELEN DANK FÜR IHRE ZEIT UND IHR WERTVOLLES FEEDBACK!

# Pott und Deckel

Als Sie die 14 Persönlichkeitstypen anhand von Küchenutensilien kennengelernt haben, dachten Sie vermutlich bei dem ein oder anderen: »Ja, genau! Das ist typisch Peter, der bei jeder guten Idee mit kritischem Nachfragen erst einmal wieder die Luft rauslässt.« Oder: »Wie die Frau Schwedt, die wirklich alles jedem verkaufen kann!«

Hier ist nun der Platz, wo Sie die Typologie auf Ihr berufliches, aber auch privates Umfeld anwenden und zuordnen können. Tragen Sie ein, wen Sie als welchen Typen identifizieren können. Lesen Sie dazu gerne auch noch einmal die Typen-Essenzen auf Seite 82, hier haben Sie alle Charaktere auf einen Blick. Viel Spaß!

| Typ | Chef/s | Kollege/n | Freund/e |
|---|---|---|---|
| **Hühnersuppenköche** | | | |
| Der Kochlöffel – Der Motivator | | | |
| Die Schöpfkelle – Die Fürsorgliche | | | |
| Der Schneebesen – Der Kreative | | | |
| Der Schnellkochtopf – Der Tempomacher | | | |
| Die Teflonpfanne – Die Aufmerksame | | | |
| Der Slow Cooker – Der Warmherzige | | | |
| Das Küchensieb – Der Ordnende | | | |

| Typ | Chef/s | Kollege/n | Freund/e |
|---|---|---|---|
| **Faktengarer** | | | |
| Der Sparschäler – Der Effiziente | | | |
| Der Eierpikser – Der Scharfsinnige | | | |
| Der Nussknacker – Der Problemlöser | | | |
| Der Messlöffel – Der Genaue | | | |
| Das Nudelholz – Der Macher | | | |
| Der Tauchsieder – Der Energiegeladene | | | |
| Der Pfannenwender – Der Analytiker | | | |

# Wen holen Sie sich an Ihren Tisch?

Nachdem Sie jetzt Ihr Persönlichkeitsrezept kennen und auch die Menschen in Ihrem Umfeld eingeschätzt haben, können Sie sie entsprechend ihrer Stärken nutzen.

Hier haben wir Ihnen einige berufliche Ziele aufgelistet und sagen Ihnen, wer Sie dabei bestmöglich unterstützen kann.

1. Wenn Sie anderen – auch dem Chefkoch – zeigen wollen, was Sie auf der Pfanne haben:

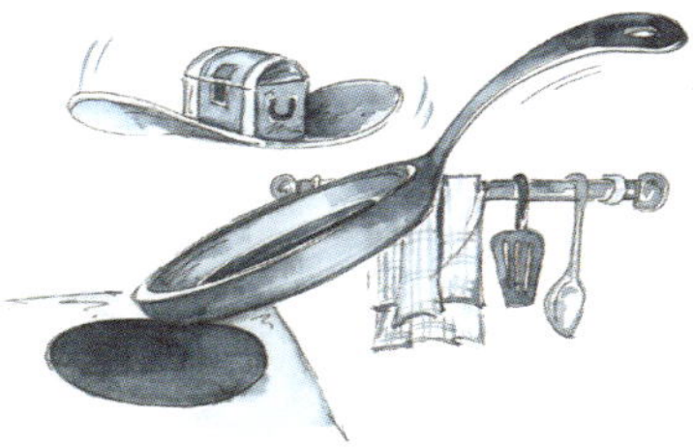

**Eierpikser**
Wenn Sie seine Prüfung überstehen, dann reicht es auch für den Chefkoch.

**Schöpfkelle**
Gibt Ihnen noch eine Extraportion Mut.

2. Wenn Sie in Führung gehen wollen und auch Ihre Fressfeinde nach Ihrem Kochlöffel tanzen sollen:

**Nudelholz**
Lässt Ihnen keine Möglichkeit, sich doch wieder in Ihre Komfortzone zurückzuziehen, und macht Ihnen wohlwollend Druck.

**Nussknacker**
Ist an Ihrer Seite, wenn es Probleme gibt.

3. Wenn Sie überzeugend ein »Nein« servieren möchten:

**Slow Cooker**
Hilft Ihnen, erst mal im eigenen Saft zu schmoren und herauszufinden, was Sie wirklich wollen.

**Nudelholz**
Unterstützt Sie, das »Nein« ohne Wenn und Aber auszusprechen und umzusetzen.

4. Wenn Sie eine Küchenschlacht führen wollen, ohne dabei die Messer zu wetzen:

**Küchensieb**
Trennt für Sie neutral und unparteiisch Emotionales von Sachlichem.

**Messlöffel**
Wägt mit Ihnen die perfekte Portion an Kritik und Verständnis ab.

5. Wenn Sie sich bei einem Assessment-Center nicht die Zähne ausbeißen wollen:

**Kochlöffel**
Wird nicht müde Ihnen zu sagen, dass Sie das schaffen werden.

**Eierpikser**
Bereitet Sie mit scharfsinnigen Fragen optimal vor.

**Tauchsieder**
Macht Sie richtig heiß darauf, Ihre Qualitäten zu zeigen.

6. Wenn Sie Ihre Präsentation zum Hochgenuss werden lassen wollen:

**Kochlöffel**
Unterstützt Sie und gibt Ihnen die nötige Portion Mut.

**Schneebesen**
Von ihm erhalten Sie ein paar locker-leichte und kreative Ideen, um Ihre Präsentation unvergesslich zu machen.

**Eierpikser**
Schaut sich die Präsentation vorher an und übt scharfsinnige Kritik, sodass Sie Fehler ausbessern können.

7. Wenn Sie ein Projekt managen wollen:

**Sparschäler**
Sorgt gemeinsam mit Ihnen dafür, dass die Bilanz stimmt.

**Messlöffel**
Mit ihm an Ihrer Seite ist an alles gedacht und die Dosierung perfekt.

8. Wenn Sie ein Gespräch führen wollen, in dem es um die Gehaltswurst geht:

**Messlöffel**
Mit ihm greifen Sie weder zu hoch noch zu niedrig.

**Schneebesen**
Von ihm lernen Sie die beste Selbstvermarktung.

9. Wenn Sie nicht zum Mobbing-Opferlamm werden wollen:

**Schöpfkelle**
Aus ihr können Sie frisches Selbstwertgefühl und Hoffnung schöpfen.

**Kochlöffel**
Ist an Ihrer Seite und hilft Ihnen, wo er kann.

**Nudelholz**
Bringt Sie dazu, sich zur Wehr zu setzen.

10. Wenn Sie sich zwischen Fisch und Fleisch entscheiden sollen:

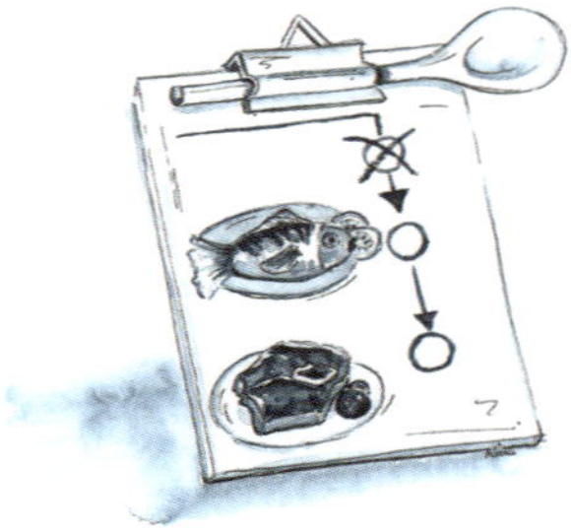

**Pfannenwender**
Kennt jede Seite und liefert Ihnen alle Aspekte.

**Küchensieb**
Ordnet und sortiert, sodass Sie endlich klarsehen.

11. Wenn Sie ein heikles Thema servieren müssen:

**Teflonpfanne**
Zeigt Ihnen, wie Sie schwungvoll und empathisch das Thema auf den Teller schwenken.

**Messlöffel**
Wägt mit Ihnen vorsichtig alle Eventualitäten im Vorfeld ab.

12. Wenn Sie Ihr Feuer wieder entfachen wollen:

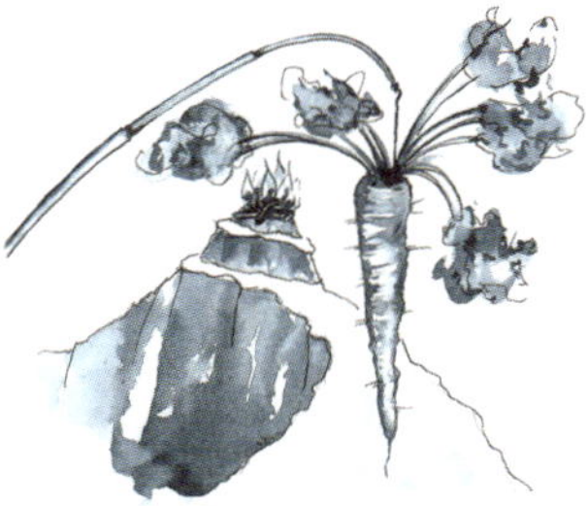

**Tauchsieder**
Mit ihm kommen Sie schnell wieder auf Temperatur – er heizt Ihnen ordentlich ein.

**Schnellkochtopf**
Versorgt Sie mit einem Nachschlag an Leidenschaft, Dampf und Druck.

13. Wenn Sie eine Life Balance zubereiten wollen, um Ihre müden Lebensgeister zu wecken:

**Slow Cooker**
Zeigt Ihnen, wie man in sich ruht.

14. Welches Thema brennt Ihnen gerade an?

______________________________

Wen holen Sie dafür an den Tisch?

______________________________

Übrigens: Konkrete Rezepte für diese und andere berufliche Ziele finden Sie in unserem Buch »Wie hätten Sie's denn gern? Erfolgsrezepte für ein glückliches Berufsleben«.

Es ist ebenfalls im GABAL Verlag erschienen und liefert schrittweise und mit Geling-Garantie hoch konzentriertes Managementwissen für Berufstätige unabhängig von Branche, Karrierestufe und Funktion. Eines dieser Rezepte finden Sie auf Seite 158.

Wer einmal
die Küchenseele
in sich begriffen –
der begreift
alle Küchenseelen.

# Sitzen Sie am richtigen Tisch?

Sie haben nun sich, Ihre Kollegen und Chefs eingeschätzt und dadurch (noch) besser kennengelernt. Hand aufs Herz: Passt der Ort, die Position, wo Sie sich gerade befinden, eigentlich zu Ihrem Markenkern? Was könnten Sie ändern?

Beantworten Sie ehrlich die folgenden Fragen:

Kommen Sie heute bereits stärkenzentriert zum Einsatz? Wenn ja, wie und wo?

Bei welchen Aufgaben/Situationen können Sie ganz Sie selbst sein und Ihr Potenzial ausschöpfen?

Wo sehen Sie noch Entwicklungsmöglichkeiten?

Welche Ihrer Aufgaben passen gar nicht zu Ihrem Profil?

Bei wem wären diese Aufgaben besser aufgehoben?

Wie können Sie sich ein Umfeld schaffen, das Sie motiviert und erfüllt?

Welche Typen können Sie dabei unterstützen?

Wen finden Sie davon in Ihrem Umfeld?

Was wollen Sie zukünftig im Umgang mit anderen beachten?

Was nehmen Sie sich vor?

Wer versteht, dass er
sein Süppchen
nie alleine kocht,
wird zum Sternekoch.

# Hauptgang: Teams

# Teamwork – ohne verhungern alle

### Stellen Sie sich vor ...

Sie arbeiten in der Küche eines Kreuzfahrtschiffs. Leider hat der Nachschub an frischen Waren im letzten Hafen nicht funktioniert und Sie sind die nächsten fünf Tage auf See. Sie und Ihr Team haben eine Vielzahl unterschiedlicher Gäste. Die Luxusklasse wünscht das Gala-Menü in ihren Suiten serviert, die Business-Class hat herausfordernde Sonderwünsche. Die Crew will schließlich auch satt werden und auf der Krankenstation steht – verursacht durch einen ansteckenden Virus – Schonkost auf der Karte. Der Bordmechaniker ist ebenfalls erkrankt und hat deshalb den defekten Herd noch nicht repariert.

### Jetzt benötigen Sie

- den Optimismus eines **Kochlöffels**, der in dieser Situation alle motiviert,
- die Genauigkeit eines **Messlöffels** beim Zubereiten der Schonkost,
- den gestochen scharfen Verstand eines **Eierpiksers** – vielleicht kann er ja den Herd reparieren?,
- die leidenschaftliche Hitze eines **Tauchsieders**, dann braucht man den Herd vielleicht gar nicht,
- die Kreativität eines **Schneebesens**, der die spärlichen Vorratsreste als Sternemenü verkauft,
- die Sachlichkeit eines **Pfannenwenders**, der alle Lösungsmöglichkeiten kennt und analysiert,
- die Durchsetzungskraft eines **Nudelholzes**, um nicht realisierbare Sonderwünsche souverän zu ignorieren,
- die Genialität eines **Nussknackers**, der ein Teller-Förderband von der Küche in die Suiten konzipiert,
- die Effizienz eines **Sparschälers** für das Portionieren der vorhandenen Lebensmittel,
- die Aufmerksamkeit einer **Teflonpfanne**, die jedem Gast das Gefühl gibt, sein Wunsch werde umgehend erfüllt,
- das Tempo eines **Schnellkochtopfs**, damit alles rasch auf die Teller kommt,
- die Fürsorge einer **Schöpfkelle**, die dafür sorgt, dass alle etwas abkriegen,
- den klaren Blick eines **Küchensiebs**, damit der inzwischen genesene Bordmechaniker umgehend in die Bordküche geschickt wird,
- und die Geduld eines **Slow Cookers** als ruhenden Pol, ohne den alle verrückt würden.

Sie brauchen also alle Talente, die Sie in Ihrem Team haben.

### Nur gemeinsam bilden Sie ein wertvolles Team spezialisierter Experten.

Viele Köche
verhindern
den Einheitsbrei.

# Ein-Topf-Geheimnisse

Die Voraussetzung dafür, dass man gemeinsam jedes noch so komplizierte Projekt auf den Tisch bekommt, ist, dass man sich selbst ebenso wie alle anderen Teammitglieder gut kennt, jeder respektvoll seinen Raum bekommt und jeder nach seinen Fähigkeiten eingesetzt wird.

**Keine Küche kommt ohne Teamarbeit aus.**

Wer sich selbst erkannt hat und sich seiner selbst bewusst ist, der entdeckt auch das Potenzial anderer. Dem fällt es leicht, andere zu verstehen, zu respektieren und wertzuschätzen.

Seien Sie die bindende Stärke und sorgen Sie dafür, dass die Energien des gesamten Teams homogen in einem Topf landen, denn nur so können sie voll ausgeschöpft werden.

**Kosten Sie also unbedingt von anderen – aber streiten Sie dabei nie über Geschmack. Genießen Sie stattdessen die Kraft der Gemeinsamkeiten ebenso wie den Reiz des Unterschieds.**

# Rezepte für Spitzenteams

Dieses Workbook serviert Ihnen auch Basis-Rezepturen für die Zusammenstellung von Teams. Wie in der Küche kommt es hier je nach Aufgabenstellung auf die optimale Dosierung der Grundzutaten Motivation, Durchsetzungsstärke und Effektivität an sowie auf das geschmackvolle Abrunden mit einer Messerspitze Druck, einem Schluck Akribie und einer Prise Geduld.

**Innovations-Team**

Der Kochlöffel sorgt für Motivation, Optimismus und Harmonie.

Die Schöpfkelle hat alle fürsorglich im Blick und aus ihr schöpfen alle Mut und Kraft.

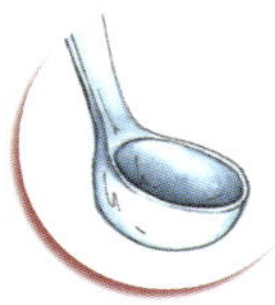

Der Schneebesen bringt Schwung und frische Ideen.

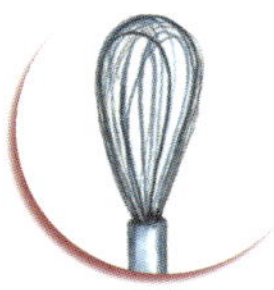

Der Schnellkochtopf erreicht durch Leidenschaft und Druck Bestzeiten.

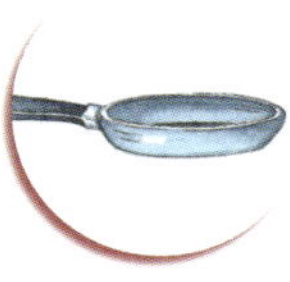

Die Teflonpfanne schwenkt empathisch alle in die richtige Richtung.

Der Slow Cooker sichert gleichbleibend hohe Qualität.

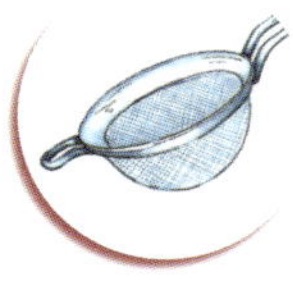

Das Küchensieb sortiert und trennt Gemengelagen.

Krisen-Team
Change-Management-Team
Der Sparschäler achtet auf Effizienz.
Der Eierpikser prüft kritisch und warnt frühzeitig vor Schwierigkeiten.
Der Nussknacker löst schwierigste Probleme genial einfach.
Der Messlöffel macht mit seiner Akribie Erfolge reproduzierbar.
Das Nudelholz setzt durchsetzungsstark um.
Der Tauchsieder gibt Energie.
Der Pfannenwender sieht alle Aspekte.

**Universal-Team**

Der Kochlöffel sorgt für Motivation, Optimismus und Harmonie.

Die Schöpfkelle hat alle fürsorglich im Blick und aus ihr schöpfen alle Mut und Kraft.

Der Schneebesen bringt Schwung und frische Ideen.

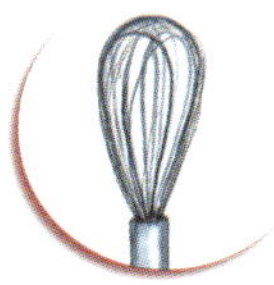

Der Schnellkochtopf erreicht durch Leidenschaft und Druck Bestzeiten.

Die Teflonpfanne schwenkt empathisch alle in die richtige Richtung.

Der Slow Cooker sichert gleichbleibend hohe Qualität.

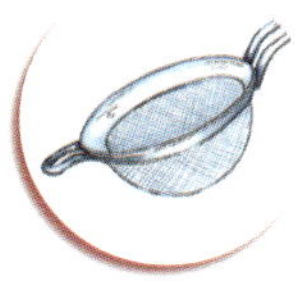

Das Küchensieb sortiert und trennt Gemengelagen.

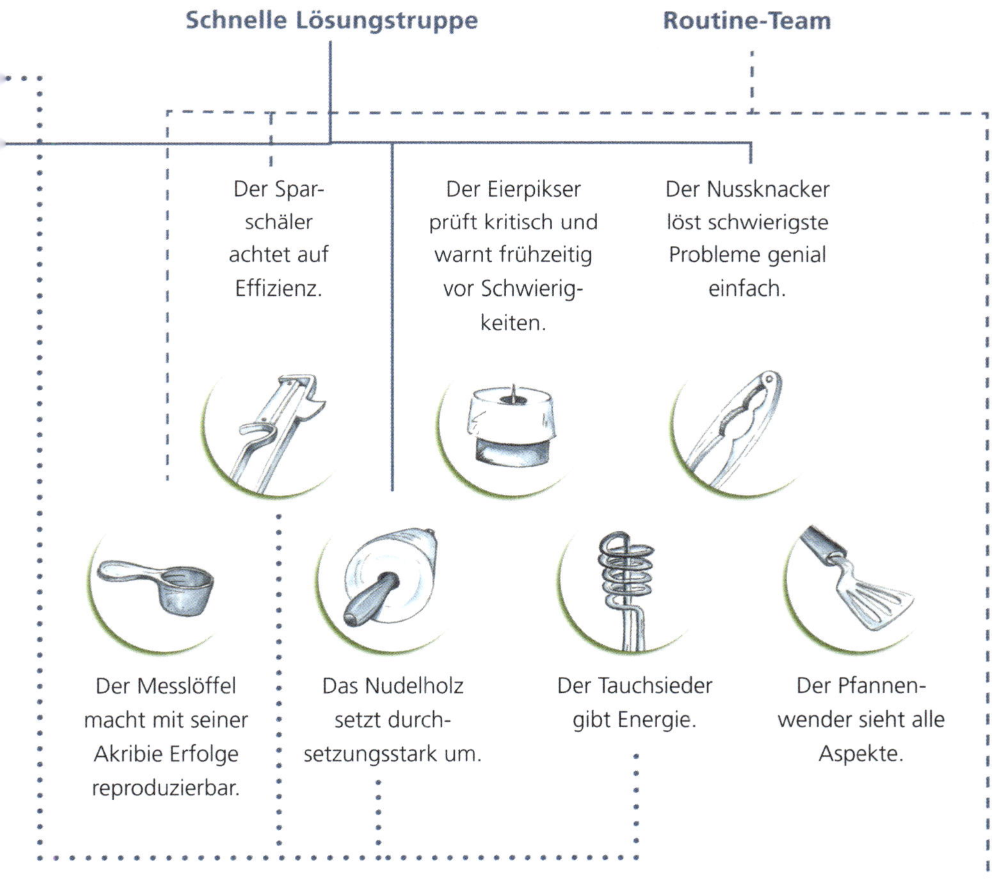
Schnelle Lösungstruppe
Routine-Team
Der Spar-schäler achtet auf Effizienz.
Der Eierpikser prüft kritisch und warnt frühzeitig vor Schwierig-keiten.
Der Nussknacker löst schwierigste Probleme genial einfach.
Der Messlöffel macht mit seiner Akribie Erfolge reproduzierbar.
Das Nudelholz setzt durch-setzungsstark um.
Der Tauchsieder gibt Energie.
Der Pfannen-wender sieht alle Aspekte.

# Spitzenteams zum Nachkochen

Nutzen Sie die hier abgebildeten Typenkarten als Kopiervorlage und schneiden Sie sie auseinander. Gehen Sie nun mithilfe des Workbooks jeden Einzelnen in Ihrem Team durch. Finden Sie heraus, wer welchem Hühnersuppenkoch oder welchem Faktengarer am nächsten kommt, und schreiben Sie den Namen des Mitarbeiters auf die Karten.

Dann bestimmen Sie die Art der Aufgabe, für die Sie ein Team bilden wollen.

Anhand der Basis-Rezepturen auf den Seiten 132–135 können jetzt strategische Teams mit Ihren Mitarbeitern zusammengestellt werden.

Besonders viel Freude macht es, wenn Sie diese Aufgaben im Team lösen!

Name

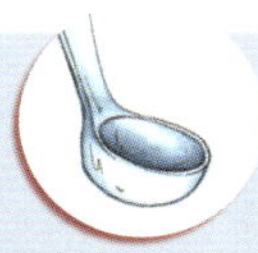

Name

Name

Name

Name

Name

Name

Name

Name

Name

Name

Name

Name

Name

Name

Name

# GRUNDNAHRUNGSMITTEL

Diese Zutaten sollten Sie in Ihrer Zusammenarbeit mit Hühnersuppenköchen und Faktengarern immer griffbereit auf Vorrat haben.

**Grundnahrungsmittel für Hühnersuppenköche**

## Grundnahrungsmittel für Faktengarer

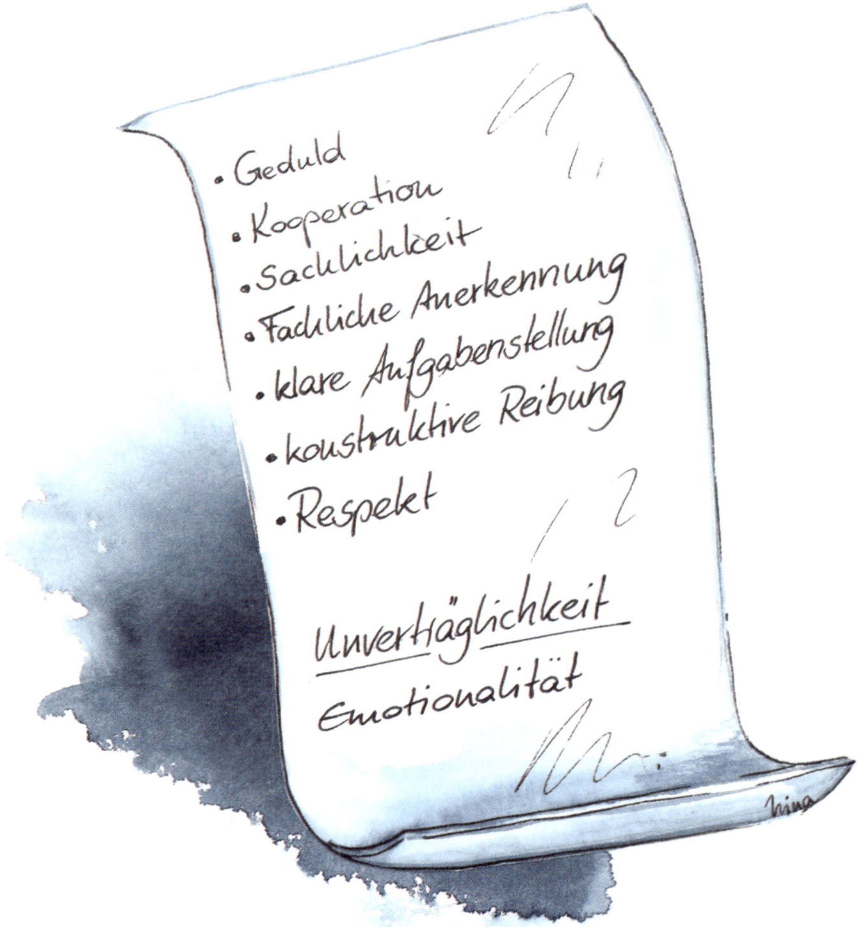

# Arbeiten Sie im Dream-Team?

## Selbsteinschätzung

**Ist das Team, in dem ich arbeite, ein Dream-Team?**

Ja, weil …

________________________________________

________________________________________

Nein, weil …

________________________________________

________________________________________

| **Weiß jeder von sich, wie er / sie tickt?** | | |
|---|---|---|
| Ja | Nein | Teils / teils |
| ☐ | ☐ | ☐ |

| **Weiß jeder von jedem, wie er tickt?** | | |
|---|---|---|
| Ja | Nein | Teils / teils |
| ☐ | ☐ | ☐ |

| **Sind die Talente richtig eingesetzt?** | |
|---|---|
| Ja | Nein |
| ☐ | ☐ |

**Wenn nein, was würden Sie ändern?**

____________________________

____________________________

**Diese Typen sind in meinem Team (streichen Sie an):**

# Checkliste Dream-Team

Diese 13-Thesen-Liste können Sie als Stimmungsbarometer über die Zusammenarbeit im Team nutzen, mit dem Sie dann gemeinsam weiterarbeiten können.

| | Trifft zu | Trifft nicht zu | Weiß nicht |
|---|---|---|---|
| 1. Wir arbeiten gerne im Team zusammen. | ☐ | ☐ | ☐ |
| 2. Wir haben gemeinsame Teamziele. | ☐ | ☐ | ☐ |
| 3. Wir halten uns an vereinbarte Spielregeln. | ☐ | ☐ | ☐ |
| 4. Wir haben Aufgaben und Rollen klar definiert. | ☐ | ☐ | ☐ |
| 5. Wir kennen Stärken und Schwächen aller Teammitglieder. | ☐ | ☐ | ☐ |
| 6. Wir sind bestmöglich nach unseren Stärken eingesetzt. | ☐ | ☐ | ☐ |
| 7. Wir kommunizieren offen und direkt. | ☐ | ☐ | ☐ |
| 8. Wir geben uns professionell Feedback. | ☐ | ☐ | ☐ |
| 9. Wir unterstützen uns gegenseitig. | ☐ | ☐ | ☐ |
| 10. Wir vertrauen uns. | ☐ | ☐ | ☐ |
| 11. Wir wertschätzen uns. | ☐ | ☐ | ☐ |
| 12. Wir motivieren uns gegenseitig. | ☐ | ☐ | ☐ |
| 13. Wir feiern Teamerfolge. | ☐ | ☐ | ☐ |

# NACHSCHLAG – PROBIERHÄPPCHEN DER BESONDEREN ART

**»Auch wir gehören zu einem Team: dem Team des GABAL Verlags. Bestehend aus allen Autoren und den Mitarbeitern im Verlag. Wie wäre es, wenn wir in unseren Lesetipps ausschließlich Autoren unseres Verlages zu Wort kommen lassen würden – mit Zitaten aus ihren Werken?«**

Gedacht – getan! So recherchierten wir selbst, baten darüber hinaus mit einem Aufruf bei Facebook und über einen Verlags-Newsletter unsere Kolleginnen und Kollegen um Texte aus ihren Büchern, die zum Thema unseres Buches passten, und waren begeistert über die Resonanz. Daher verknüpfen wir auch diesen einzigartigen Literatur-Nachschlag mit einem großen Dank an das GABAL- und Autoren-Team und sind stolz darauf, ein Teil davon zu sein.

**DANKE!**

# Zitate unserer (Verlags-)Kollegen:

**zu den Themen »Zukunft der Arbeit«, »Mitarbeiter als entscheidender Erfolgsfaktor«, »Menschenfokussierung in Unternehmen«, »attraktive Arbeitgeber«, »Vielfalt der Talente«, »Teamwork« und »Persönlichkeitsanalysen«.**

»Wir alle treffen – mit unterschiedlichen Bedürfnissen, Sicht- und Verhaltensweisen in unserem ›Lebensrucksack‹ – auf andere Menschen und setzen erst einmal voraus, dass unsere Bedürfnisse, Verhaltens- und Sichtweisen die einzig logischen sind. Wir blicken aus unserer Perspektive heraus auf die Welt und können nicht verstehen, wie für den anderen ein Würfel plötzlich rechteckig sein kann.« – *Frauke Ion*

»Wer wirklich erfolgreich sein will, sollte seinen Blick daher immer auch auf die anderen richten. Die goldene Regel mag vielleicht lauten: ›Behandele andere so, wie du selbst behandelt werden willst.‹ Aber die Platin-Regel kann nur der befolgen, der sich von seiner eigenen Persönlichkeit löst und weiter blickt: ›Behandele andere so, wie sie behandelt werden wollen.‹« – *Markus Brand, Frauke Ion, Sonja Wittig*

»Grundsätzlich sollte eine Führungskraft mit ihren Mitarbeitern sprechen. Das hört sich banal an, ist es aber nicht. So manche Führungskraft verschanzt sich in ihrem Büro, weil sie im Lauf ihrer Führungskarriere bemerkt hat: ›Hoppla, ich habe es ja mit Menschen zu tun! Wieso hat mir das niemand gesagt?‹ Man kann es nicht oft genug betonen: Menschen führen erfordert andere Fähigkeiten als fachlich arbeiten … Beherzigt eine Führungskraft diese Grundregel, nämlich präsent zu sein und mit ihren Mitarbeitern tatsächlich zu reden, lösen sich manche Motivations- und Abstimmungsprobleme von selbst.« – *Markus Väth*

»Anerkennung ist wie das Gewürz beim Kochen. Sorgen Sie dafür, dass jeder Einzelne gesehen wird. Schätzen Sie Einzigartigkeit und geben Sie jedem das Gefühl, ein Star zu sein. Loben Sie so viel wie möglich: Beiträge, Fähigkeiten oder die Einstellung.« – *Peter Ivanov*

»Es muss die alte Brille abgesetzt werden, durch die man auf ein Unternehmen als Gebilde schaut, das verschiedene Bereiche, Abteilungen und Stellen über Organigramme und Prozesse miteinander verbindet, um ein Produkt hervorzubringen, mit dem Gewinn erwirtschaftet wird. Die neue Brille, die dann aufgesetzt wird, zeigt, dass ein Unternehmen eine Ansammlung von miteinander in Beziehung stehenden Menschen ist, die dann gemeinsam ein bestmögliches Ergebnis erzielen, wenn sie mit ihren Talenten und Potenzialen gesehen, gebraucht und gefördert werden.« – *Pia Struck*

»Vermutlich hat jeder von uns Kollegen, Mitarbeiter oder Vorgesetzte, die ihn ärgern, aufregen, nerven. Der eine ist uns zu langsam, die andere zu penibel, der dritte zu umständlich, die vierte zu ängstlich usw. Für manche Verhaltensweisen haben sich im Unternehmensalltag feste Begriffe eingebürgert: ›Bremser‹, ›Bedenkenträger‹, ›Umstandskrämer‹, ›Erbsenzähler‹. Meldet sich diese Person zu Wort, kommt einem gleich das entsprechende Etikett in den Sinn. Die Versuchung ist groß, herablassend zu reagieren oder abzuwiegeln. Versuchen Sie, sich von solchen Stereotypen zu befreien. Jeder hat ein Recht auf eine eigene Meinung und eigene Werte. Wären alle gleich, bräche das Unternehmen vermutlich zusammen. Eine Organisation braucht gewissenhafte Naturen genauso wie Visionäre und Macher. Wissen über die Unterschiedlichkeit von Persönlichkeiten fördert die Toleranz.« – *Hannelore Weidner, Markus F. Weidner*

»Wir stehen auf der Schwelle der Revolution von der Old und New Economy zur Human Economy. Zum ersten Mal wird der Mensch die entscheidende Rolle spielen. Das neue Kerngeschäft ist der Mensch.« – *Barbara Geffroy, Edgar Geffroy*

»Ganz andere Führungsstile rücken nach vorn: Möglichmacher, Katalysatoren und kundenfokussierte Leader werden von nun an gebraucht. Und für Führungskarrieren kommen *ausschließlich* Menschenspezialisten infrage.« – *Anne M. Schüller*

»Wirksame Führung ist menschen- und leistungsorientiert zugleich: Sie respektiert den anderen und berücksichtigt den Kontext, aus dem heraus er agiert, verliert aber zugleich Unternehmensinteressen und vereinbarte Ziele nicht aus den Augen.« – *Bernhard Cevey*

»Totale Authentizität ist der erste Grund primärer Größe. Menschen, denen diese Eigenschaft fehlt, leben in einer Welt, in der sie etwas zu sein vorgeben, was sie nicht sind. Die Vorspiegelung einer falschen Identität belastet das eigene Gewissen sowie die Menschen, die mit uns auskommen müssen, schwer.« – *Stephen R. Covey*

»Neben der Konzentration auf die Innovation – und damit auf das Produkt – geht es in Zukunft in der Wirtschaft immer mehr um die Konzentration auf den Menschen. Lange Zeit hat man das einseitig als Konzentration auf den Kunden, die sogenannte Customer Centricity oder Kundenorientierung, verstanden, doch in den kommenden Jahren wird der Mitarbeiter eine immer wichtigere Rolle spielen. Neben die Customer Centricity muss die Employee Centricity treten. Der Mitarbeiter wird vom reinen Produktionsfaktor zum entscheidenden Erfolgsfaktor der Unternehmen.« – *Marco von Münchhausen*

»Da Lebenszeit begrenzt ist, sollten wir sorgsam mit ihr umgehen. Dazu müssen wir zum Laser werden und uns selbst begrenzen, uns auf den für uns relevanten Ausschnitt der Welt, auf das relevante Projekt beschränken. Wenn Sie allem eine Priorität geben, hat am Ende nichts Priorität. Sie kommen aus dieser Schleife nur heraus, wenn Sie selektieren, das heißt, bestimmte Themen auswählen – und den Rest bewusst abwählen. Das hat zur Folge, dass Sie täglich ›Nein‹ sagen müssen: zu der nächsten tollen Idee, zu der nächsten Einladung, zu dem nächsten eiligen Zwischenauftrag, zu der nächsten treuherzig vorgetragenen Bitte.«
– *Peter Holzer*

»Man findet keine Genies, man entwickelt sie.« – *Carsten C. Rath*

»Die Grenzen der Digitalisierung sind die Chancen des arbeitenden Menschen. Für das, was bei jeder Kundenbegegnung wirklich zählt, gibt es nun einmal keine App – denn Algorithmen sind emotional vernagelt.« – *Carsten C. Rath*

»Als Vertriebstrainerin begegnet mir auf Schritt und Tritt das Authentizitäts-Gespenst, wie im Abschnitt ›Der Durchblicker im Job‹ weiter oben schon geschildert. Ein munterer Geselle, superlocker, flexibel und total spontan. Wenn es um telefonische Kundenansprache geht, wird dieses Hirngespenst allerdings ganz unflexibel ;-): ›*Ich brauche keinen Leitfaden! Ich will authentisch bleiben!*‹ Glaubenssätze wie diese haben damit zu tun, dass Vertriebsfunktionen vielfach von ›gelben‹ oder ›gelbroten‹ Persönlichkeiten ausgeübt werden – Menschen, die impulsiv und emotional sind und zudem die Abwechslung lieben. Routine langweilt sie und wird als Einengung empfunden. Kein Wunder also, dass das Hirngespenst mürrisch die Arme verschränkt, wenn das Stichwort ›Checkliste‹ fällt.« – *Nicole Truchseß*

»Wo sind Sie auf dem Kontinuum zwischen Intro- und Extroversion angesiedelt? Wenn Sie diesen Ort gefunden haben, finden Sie auch Ihren Zugang zu wichtigen Stärken und Hürden im Umgang mit sich selbst und anderen. Sie werden außerdem viel Energie sparen, die Sie womöglich (wie ich auch) investiert haben, um wie eine Person zu leben, die Sie gar nicht sind.«
– *Sylvia Löhken*

»Die leisen Stärken sind so etwas wie Leitsterne (…):
– Da, wo wir gut sind, liegt auch unsere größte Schaffenskraft.
– Da, wo wir gut sind, machen wir am ehesten einen Unterschied.
– Da, wo wir gut sind, sind wir am meisten wir selbst – und damit echt.

Bauen Sie also lieber auf Ihre Stärken, als dass Sie versuchen, jemand zu werden, der oder die Sie gar nicht sind.«
– *Sylvia Löhken*

»Die schnellen Veränderungen auch in Ihrem Markt werden es Ihnen immer schwerer machen, in den gewohnten Strukturen, Abteilungen und Hierarchien zu arbeiten. Alle Unternehmen werden sich zukünftig vernetzter, offener, partizipativer und agiler organisieren müssen.« – *Ewald Wessling*

»Sagen Sie Ihren Mitarbeitern deutlich, dass bei Ihnen generell das Credo gilt: Gute Mitarbeiter sind Neinsager zu Ablenkungen und Jasager zum Kern.« – *Markus Jotzo*

»Finden Sie heraus, welche Alltagstalente Sie haben, und nehmen Sie diese dann als echte Stärke an. Besonders die kreativ-chaotischen Menschen ecken mit ihrer unkonventionellen Denke in unserer sehr systematischen Welt oftmals an und werden mit Sprüchen wie ›Das geht doch nicht‹ von ihren vermeintlichen Höhenflügen heruntergeholt.
Fangen Sie an, Ihre Talente wertzuschätzen – und auch die Talente der anderen. In viel zu vielen Unternehmen, Gruppen, Familien oder Partnerschaften machen wir uns das Leben gegenseitig schwer, weil wir meinen, der andere wäre ›falsch‹ und wir müssten ihn ändern. Zeigen Sie ab sofort eine hohe Wertschätzung für die unterschiedlichen Talenttypen. Jeder von uns ist richtig und wichtig, wie er ist. Wir müssen uns nicht verbiegen!«
– *Cordula Nussbaum*

»Neben der kognitiven und der funktionalen Ebene spielt die emotionale Ebene eine wichtige Rolle, wenn es darum geht, Bedürfnisse von Menschen optimal zu befriedigen. Wenn Sie sich Fragen stellen wie ›Wie fühlen sich die Mitarbeiter in diesem Prozess?‹, ›Was motiviert meine Mitarbeiter?‹, ›Was interessiert/bewegt sie?‹, entwickeln Sie das, was wir emotionales Verständnis nennen.« – *Ingrid Gerstbach*

»Die einzelnen Personen finden in einer Gruppe Sicherheit und Zugehörigkeit. Jedes Teammitglied hat seine eigene Rolle, die er oder sie lebt und die ihn/sie besonders macht. Dadurch ist es einfacher, sich innerhalb des Teams gegenseitig herauszufordern und offener und mutiger den Status quo infrage zu stellen – und das wiederum ist die unabdingbare Voraussetzung für erfolgreiche Innovation.« – *Ingrid Gerstbach*

»Wer achtsam in eine Beziehung geht, lässt sich auf sein Gegenüber ein und ist gedanklich nicht schon woanders. Er widmet sich voll und ganz seinem Gesprächspartner, versucht dessen Gedanken nachzuvollziehen und wird auch morgen noch wissen, was dieser heute erzählt hat. Eigene Ideen, Motive und Ziele sind dann erst einmal zweitrangig, weil es um das Verständnis für den anderen geht. Die beste Form, miteinander zu arbeiten, ist, im Hier und Jetzt ehrlich am anderen interessiert zu sein. Durch Achtsamkeit intensiviert sich die Präsenz in der Kommunikation und eine Beziehung bekommt mehr Tiefe.« – *Dörthe Huth*

»Jeder Einzelne ist großartig. In der Zusammenarbeit mit anderen kommt das voll zur Entfaltung.« – *Jürgen Kurz*

»Den Fortschritt können wir nicht aufhalten, aber wir sind dem Wandel nicht machtlos ausgeliefert. Wir haben immer einen Gestaltungsspielraum. Oft ist er sogar größer, als wir es uns eingestehen. Es liegt an uns, die Arbeitswelt von morgen schon heute proaktiv zu gestalten und dabei den Menschen im Mittelpunkt zu behalten, damit uns die Computer nicht den Rang ablaufen. Sorgen Sie also gut für sich, statt darauf zu warten, dass es andere für Sie tun.« – *Monika A. Pohl*

»Eine Unternehmensstruktur, welche die Eigenverantwortung der Mitarbeiter stärkt, ihnen Entscheidungsfreiräume gibt, um Probleme autonom und flexibel zu lösen, schafft automatisch mehr Einfachheit.« – *Michael Hartschen, Jiri Scherer, Chris Brügger*

»Mut beruht auf der Entscheidung, ihn – den Mut – haben zu wollen. Ihr Wille, es dennoch zu machen, ist entscheidend. Kennen Sie Erich Kästners ›Fliegendes Klassenzimmer‹? Als der ›Angsthase‹ Uli aus dem tiefen Wunsch heraus, mutig zu sein, auf die bekloppte Idee kommt, mit einem Regenschirm vom Dach zu springen, und dies auch in die Tat umsetzt, kommentiert dies sein Lieblingslehrer Dr. Johannes Böhk so: ›Lieber ein Beinbruch als lebenslang ein Feigling sein.‹
Genau das ist es. Nicht der Beinbruch, den wünsche ich keinem – aber die Bereitschaft dazu.« – *Lutz Langhoff*

»Erinnere dich: Menschen und Schweinehunde sind unterschiedlich. Sie haben verschiedene Persönlichkeiten, Intelligenzen, Werte. Und eigentlich wollen sie alle nur eines: in Ruhe das tun, was ihnen wichtig ist, am meisten Spaß macht und worin sie besonders gut sind. Also berücksichtige das bei deiner Teamführung. Lass die Routine-Günther Routinen abarbeiten, die Besserwisser grübeln, die Choleriker entscheiden und die Aktionisten handeln! Lass die Rechner rechnen, die Sprecher sprechen, die Räumlichen gestalten, die Musikalischen hören, die Körperlichen basteln, die Zwischenmenschlichen zwischenmenscheln … Mit das Schlimmste, was du als Chef tun kannst, ist, alle gleich zu behandeln und Gleiches einzufordern.« – *Stefan Frädrich*

»Wer gegen Menschen kämpft,
verliert, auch wenn er gewinnt.«
– *Elisabeth Ramelsberger, Michael Rossié*

»Digitalisierung – so what? Im digitalen Zeitalter ändert sich vieles, aber nicht alles: Menschen bleiben Menschen und Führung bleibt Führung. Die erfolgreiche Führungskraft weiß: Nicht die Technologien, sondern die Beziehungen zu und zwischen Menschen sind der zentrale Erfolgsfaktor im 21. Jahrhundert. Der Mensch rückt gerade im digitalen Zeitalter ganz klar in den Mittelpunkt.«
– *Barbara Liebermeister*

»Was zeichnet die vier DISG-Typen aus? Die vier Grundverhaltensstile ›dominant‹, ›initiativ‹, ›stetig‹ und ›gewissenhaft‹ liegen wie vier Hauptinseln im Weltmeer der Beziehungen verstreut. Die Bewohner lassen sich je nach Insel von unterschiedlichen Zielen antreiben. Was den Bewohnern auf der einen Insel Angst einjagt, löst auf der Nachbarinsel vielleicht nur ein Kopfschütteln aus. Auf jeder Insel trifft der Besucher andere Arbeitsvorlieben an, und Konfliktsituationen werden auf jeweils andere Weise gelöst.« – *Georg Dauth*

»Hinter jedem erfolgreichen Unternehmen stehen engagierte Mitarbeiter.« – *Sabine Hübner*

»Wer andere Menschen besser wahrnehmen möchte, muss auch lernen, sich selbst besser wahrzunehmen.« – *Sabine Hübner*

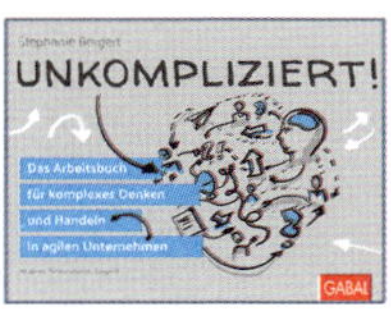


»Führen Ihre Entscheidungen und Handlungen schon mal zu unerwünschten Nebeneffekten? Höchstwahrscheinlich, wenn Sie nicht alle Wechselwirkungen und zeitlich verzögerten Auswirkungen Ihres Handelns erkennen und berücksichtigen.« – *Stephanie Borgert*

# Die Rezept-Entwicklerinnen

Persönlichkeitsmodelle einmal anders servieren – frisch, geschmackvoll, leicht verdaulich und sofort anwendbar – allein oder in Teams –, das war die Idee.

Dazu haben zwei ihre Talente in einen Topf geworfen und ihre jahrzehntelange Erfahrung mit Chefs, Mitarbeitern, Kollegen und Teams zu einem neuen Gericht verarbeitet.

Neben heftigstem Ringen um die besten Formulierungen und intensivem Austausch darüber, wie Nussknacker, Sparschäler, Schnellkochtöpfe & Co. »ticken«, stand die Freude am Tun, das Kreieren von Neuem und der Sinn für Humor immer mit auf der Tageskarte.

Mit einem Tusch servieren sie hier ihr Grundrezept: MENSCHEN machen Unternehmen erfolgreich, und es kommt mehr denn je darauf an, Talente zu entdecken, sie wertzuschätzen und in strategischen Teams stärkenzentriert einzusetzen.

**Bon AppeTEAM!**

## Astrid Braun-Höller

Ihr Persönlichkeitsrezept:

# Motivatorin, Kreative und Macherin

**Astrid Braun-Höller** ist leidenschaftliche Personal- und Strategie-Expertin und seit über 25 Jahren bundesweit als Coach, Rednerin, Managementberaterin für Konzerne, mittelständische und kleine Unternehmen, Teams, Einzelpersonen unterwegs. Als Sparringpartner begleitet sie Unternehmen in Veränderungsprozessen und unterstützt bei der Positionierung als attraktiver Arbeitgeber.

Die passionierte Unternehmerin und fünffache Buchautorin brennt für Unternehmer/Unternehmen, die eine gute Personalarbeit nach innen machen und nach außen gut vermarkten. Sie hat sich darauf spezialisiert, Unternehmens- und Personalverantwortliche auf ihrem Weg als erfolgreiche Unternehmer und attraktive Arbeitgeber mit glaubwürdigen maßgeschneiderten Strategien zu unterstützen, und findet u. a. auch gemeinsam mit ihnen heraus, was ihr Unternehmen einzigartig macht, was deren Markenkern ist und wie sie sich damit im Markt um die besten Talente positionieren können.

Und sie identifiziert im Kundenauftrag Talente in Unternehmen und schärft deren Profile.

## Katharina Pohl

Ihr Persönlichkeitsrezept:

# Motivatorin, Kreative und Scharfsinnige

Kommunikation ist für **Katharina Pohl** aus Bad Neuenahr die größte und wichtigste Zutat im Umgang mit Menschen, Teams und Unternehmen. Sie beherrscht das Spiel mit den Doppeldeutigkeiten unserer Sprache und sucht nach Bildern, die diese Doppeldeutigkeiten zu praxistauglichen Instrumenten werden lassen.

Als Konzeptionerin der Full-Service-Werbeagentur *Marketingflotte* und Gründerin des Coaching-Unternehmens *WendePohl* lässt sie sich immer wieder kreative Ideen einfallen, um individuelle Stärken von Menschen und Unternehmen herauszuarbeiten und sichtbar zu machen, um sie dann strategisch einzusetzen.

Die gebürtige Kölnerin und zweifache GABAL-Autorin hat nicht nur eine große Leidenschaft für das Entwickeln von Texten. Mit ebenso großer Hingabe schwingt sie auch den Pinsel. Und da das Auge ja bekanntlich mitisst, gibt die Diplom-Grafik-Designerin dem Geschriebenen durch ihre scharfsinnigen Aquarell-Illustrationen ein vielsagendes Gesicht.

# Erfolgsrezept Mensch

**Talente entdecken, verstehen & nutzen**

## Wir servieren Ihnen dieses Buch auch als:

### Gebrandete Version

mit Ihrem Logo auf der Titelseite

### Personalisierte Version

mit eingedrucktem Namen als persönliches Geschenk für Ihre Mitarbeiter, Kollegen und Partner

### Individuelle Originalaquarelle

Ihr Persönlichkeitsrezept als Originalaquarell

## Appetit auf

### Erfolgsrezept-Mensch-Trainings?

Unsere Typologie als Inhouse-Workshop für Sie, Ihre Kollegen und Mitarbeiter

### Incentive-Veranstaltungen?

mit Live-Aktionen oder Vorträgen der Autorinnen

### Keynotes?

bei Kongressen, Tagungen, Konferenzen und Kochevents

### Kontakt:

www.erfolgsrezeptmensch.de

# WIE HÄTTEN SIE'S DENN GERN?

## Erfolgsrezepte für ein glückliches Berufsleben

Diese Rezeptsammlung mit Biss liefert schrittweise und mit Geling-Garantie hoch konzentriertes Managementwissen für Berufstätige unabhängig von Branche, Karrierestufe und Funktion.

Reich an wertvollen Inhaltsstoffen und mit bodenständigen und raffinierten Rezepten beweisen Astrid Braun-Höller und Katharina Pohl, dass der Ofen niemals aus ist, wenn es um die berufliche und persönliche Weiterentwicklung geht.

**Lassen Sie sich die Kostprobe dieses Buches auf den nächsten Seiten gerne schmecken!**

160 Seiten, 25 × 19 cm

ISBN 978-3-86936-757-6

€ 19,90 (D) / € 20,50 (A)

# Empfehlung des Tages

Hier wie versprochen eines (von 29) unserer Geheimrezepte aus unserem Buch »Wie hätten Sie's denn gern? Erfolgsrezepte für ein glückliches Berufsleben«:

## Wie Sie anderen – auch dem Chefkoch – zeigen, was Sie auf der Pfanne haben

Das kennen Sie sicher auch: Der Kollege kocht zwar auch nur mit Wasser und seine Ideen sind längst nicht so dick bestrichen wie Ihre, aber Ihr Chef frisst ihm begeistert aus der Hand. Dieser Kollege versteht es, seine Fähigkeiten derart appetitlich anzurichten und zur richtigen Zeit am richtigen Ort zu servieren, dass ihm einfach niemand widerstehen kann – auch Sie nicht! So lassen Sie sich bereitwillig zur Beilage degradieren, statt sich eine dicke Scheibe Selbstmarketing von ihm abzuschneiden.

**Eine gute Idee und die besten Fähigkeiten sind keinen Pfifferling wert, wenn sie es nicht aus der Vorratskammer auf den Teller schaffen.**

Unser Rezeptvorschlag:

# Geben Sie à la minute Butter bei die Fische

## Vorbereitung

Arbeiten ist nicht immer ein Zuckerschlecken. Niemand fragt Sie, ob es vielleicht noch ein bisschen mehr Anerkennung sein darf. Ihr Arbeitgeber ist ein Feinschmecker, er will verführt und dann restlos satt gefüttert werden. Das schaffen Sie nicht, wenn Sie niemanden in Ihre Töpfe schauen lassen.

Hören Sie also auf, sich selbst zu deckeln. Nehmen Sie kein Feigenblatt vor den Mund und werden Sie sich Ihrer besonders exquisiten Zutaten, Ihrer einzigartigen Kompetenz-Mischung und Ihrer professionellen Ausstattung bewusst.

Finden Sie heraus, was Sie zukünftig zubereiten wollen und wie Sie Ihre Filetstücke am geschicktesten garnieren können.

## Zubereitung

1. Zweifellos ist der beste Koch stets der, der sich vorher fragt, wer seine Gäste sind und was ihnen am besten schmeckt. Wer hat welche Vorlieben? Wen können Sie mit welchem Vorschlag überraschen und welche Unverträglichkeiten gibt es? Servieren Sie auf den Punkt genau das Rezept, nach dem man sich schon lange verzehrt.
2. Als Gastgeber bestimmen Sie die Sitzordnung. Wer sitzt auf welchem Stuhl der Tafel und wem räumen Sie vielleicht einen falschen Platz ein? Wer sitzt am Kopf, wer sitzt rechter Hand davon, wer hält die Tischrede und wo möchten Sie Ihr Plätzchen finden?
3. Kochen Sie mit Leidenschaft und den besten Zutaten, die Sie zur Verfügung haben. Präsentieren Sie das Ergebnis gut sichtbar mitten auf dem Büfett. Wenn nötig und angebracht auch auf dem Silbertablett. Vergessen Sie dabei auf keinen Fall den Mehrwert Ihrer Ideen zu nennen und Ihren Namen auf der Speisenkarte zu verewigen.
4. Sie dürfen sich dabei auch ganz explizit auf jedem sich bietenden sozialen Parkett empfehlen. Sorgen Sie einfach dafür, dass Sie in aller Munde sind.

5. Sicher ist es nicht jedermanns Sache, seine Ideen effektvoll als wunderkerzengarnierte Eisbombe beim Käptn's-Dinner platzen zu lassen. Wenn Sie aber dauerhaft nicht Fisch, nicht Fleisch sind, werden Sie am langen Arm verhungern.
6. Strategische Geschmacksverstärker sind hier nicht nur erlaubt, sondern ausdrücklich erwünscht. Dabei sollten Sie weder an Stühlen sägen noch Süßholz raspeln oder den Mund zu voll nehmen. Sorgen Sie mit Authentizität und zielstrebigem Engagement dafür, dass sich alle am Tisch die Finger nach Ihren Lösungen lecken.
7. Auch hier gilt: Probieren geht über Studieren. Treten Sie Schritt für Schritt aus dem Dunstkreis Ihrer Komfortzone heraus. Lautes Trommeln auf den Töpfen gehört dazu – also schwingen Sie den Kochlöffel und geben Sie den Takt an. Sie werden sehen, wenn man einmal davon gekostet hat, bekommt man nicht genug davon.

## Geheimtipp

Besonders gut gelingt es Ihnen, wenn Sie sich zukünftig weder die Wurst noch die Butter vom Brot nehmen lassen.

## Verarbeitungshinweis

Wenn Sie Ihre Filetstücke ständig mit Ihren Schwächen übergießen, dürfen Sie sich nicht wundern, wenn Sie nur einen lauwarmen Eintopf servieren können. Stärken Sie stattdessen Ihre Stärken und vakuumieren Sie Ihre Schwächen, indem Sie sämtliche Luft aus ihnen lassen.

## Fertigrezept

Erheben Sie ruhig mal verbal die Kelle und klopfen Sie damit jedem auf die Finger, der Ihnen Ihren Platz an der Tafel streitig machen will: »Es freut mich sehr, dass Sie von meiner Idee begeistert sind. Ich habe sie mit Sachverstand und Gefühl für das Problem entwickelt und finde es gut, dass Sie mich unterstützen.«

## Zutaten

- alle vorhandenen Stärken
- ein klares Ziel
- eine durchdachte Strategie
- ein Esslöffel Gefühl für den perfekten Augenblick
- scharfer Durchblick
- zwei große Gläser Mut, um sich als Leckerbissen zu positionieren
- uneingeschränkte Treue, vor allem sich selbst gegenüber
- Kochlöffel zum Taktanschlagen
- Kelle zum Auf-die-Finger-Klopfen